# Biologischer Tabakanbau in Amerika

*„Uns Mitarbeiter der Santa Fe Natural Tobacco Company
verbindet eine von Werten bestimmte Vision:
Unser Erfolg beruht auf unserem kompromisslosen Engagement
für unsere naturbelassenen Tabakprodukte,
die Umwelt, in der sie gedeihen,
die Gemeinschaft, welcher wir angehören
und die Menschen, die unsere Idee zum Leben erwecken."*

# Biologischer Tabakanbau in Amerika

und mehr über umweltfreundlichen Anbau

**Von**
Mike Little und Fielding Daniel
Mark Smith und Jim Haskins

SANTA FE

© Mike Little, Fielding Daniel, Mark Smith und Jim Haskins, 2009
Alle Rechte vorbehalten.

Das Werk einschließlich aller seiner Teile ist urheberrechtlich geschützt. Jede Verwertung ist unzulässig und strafbar. Dies gilt für jede Form der Reproduktion, sei es in elektronischer oder mechanischer Form, einschließlich der Einspeicherung und Verarbeitung in Datensystemen, ohne schriftliche Erlaubnis des Herausgebers. Ausgenommen sind Buchbesprechungen bzw. -kritiken, in denen kurze Ausschnitte zitiert werden dürfen.

Sunstone Bücher können zu Bildungs-, Geschäfts- oder Werbezwecken erworben werden. Für Informationen schreiben Sie bitte an:
Special Markets Department, Sunstone Press
P.O. Box 2321, Santa Fe, New Mexico, USA, 87504-2321

Buchdesign – Vicki Ahl
Druck auf säurefreiem Papier.

---

Library of Congress Cataloging-in-Publication Data

Organic tobacco growing in America and other earth-friendly farming / by Mike Little ... [et al.].
    p. cm.
    ISBN 978-0-86534-707-6 (softcover : alk. paper)
    1. Tobacco--United States. 2. Organic farming--United States.
I. Little, Mike, 1959-
SB273.O74 2009
633.7'1840973--dc22
                        2008046033
ISBN 978-0-86534-740-3 (softcover : alk. paper—German Edition)

---

Published in

**WWW.SUNSTONEPRESS.COM**
SUNSTONE PRESS / POST OFFICE BOX 2321 / SANTA FE, NM 87504-2321 /USA
(505) 988-4418 / ORDERS ONLY (800) 243-5644 / FAX (505) 988-1025

Dieses Buch ist Brownie Van Dorp, William Bing, Allen Ball und anderen biologisch arbeitenden Farmern gewidmet, die seit der Entfaltung des biologischen Tabakanbaus in Amerika verstorben sind.

# Inhaltsverzeichnis

Einleitung _____9
1 / Biologischer Tabakanbau: wer und warum? _____13
    Die Anfänge _____17
    Damals und heute: Althergebrachtes, Modernes – und jetzt
    das Postmoderne _____20
2 / Geschichte des biologischen Tabakanbaus in Amerika ____31
3 / „Mit eigenen Worten" _____45
    Anbauer von heißluftgetrocknetem Tabak – auf biologische
    Art und Weise _____45
    Anbauer von Burley-Tabak – auf biologische Art und Weise _71
4 / Biologischer Anbau von Tabak _____77
5 / Andere umweltfreundliche Tabakanbaumethoden _____114
6 / Farmer reden über das PRC-Verfahren _____131
7 / Von der Farm zum fertigen Produkt – das biologische
    Herstellungsverfahren _____139
8 / United States Department of Agriculture – National Organic
    Program _____165
9 / Quellen für den biologisch arbeitenden Tabakanbauer ____178
10 / Über die Santa Fe Natural Tobacco Company _____195
Danksagung _____207

# Einleitung

Unser Unternehmen setzt seit den 1980er-Jahren umweltfreundliche Anbaumethoden ein.
Diese Pionierarbeit ergab sich ganz natürlich aus unserem Selbstverständnis als Unternehmen. Dinge, die der Tabakindustrie zufolge nicht durchführbar waren, haben wir einfach angepackt.
Nach neuen Wegen zu suchen, ist für uns selbstverständlich. Vollkommen naturbelassener Tabak, Verzicht auf Zusätze oder Geschmacksstoffe, Verwendung nur der besten Teile – keine blattrippen, kein Blähtabak, keine Tabakreste: einfach 100 Prozent reines Tabakblatt. Das kostet natürlich mehr Geld; aber das ist es uns wert. Und seit der Gründung des Unternehmens im Jahr 1982 ist das schon immer so gewesen.
Wie die Kunden aus unserer Werbung wissen, hat der Verzicht auf Zusätze in unserem Tabak keineswegs zur Folge, dass sie eine „sichere" Zigarette rauchen. Auch biologisch angebauter Tabak sowie Tabak, der nach biologischen Grundsätzen verarbeitet wurde, garantiert keine „sichere" Zigarette. Die beste Entscheidung für Raucher, die sich Sorgen um ihre Gesundheit machen, ist – mit dem Rauchen aufzuhören.

1989 wandten wir uns mit einer neuen Idee an unsere Tabakanbauer – wir stellten ihnen ein Programm zur drastischen Reduzierung der Verwendung von Pestiziden vor und machten ihnen einen beispiellosen Vorschlag: *Wie wäre es damit, reinen und naturbelassenen Tabak auf biologische Weise anzubauen?*

Heute verdoppelt sich jedes Jahr die Nachfrage nach biologisch angebauten Tabakblättern; die großen Tabakfirmen zeigen Interesse an Aspekten unseres pestizidreduzierten Ansatzes zur Herstellung reinen, rückstandsfreien Tabaks („Purity Residue Clean", PRC) und übernehmen diese teilweise sogar. Heute bauen Farmer in North Carolina, Virginia, Tennessee, Kentucky, Ohio, Kanada und Brasilien biozertifizierten Tabak an. Und wir wollen noch viel mehr Farmer für unsere biologische und umweltfreundliche Gemeinde gewinnen.

Warum? Welche Vorteile bringt das?

Auf den folgenden Seiten führen unsere Tabakanbauer aus, warum es gut für sie ist – sowohl aus finanzieller als auch aus ökologischer Sicht –, den Einsatz einer Vielzahl von Chemikalien, einschließlich der Möglichkeit ihrer falschen Handhabung, zu reduzieren oder sogar zu eliminieren. Sie erklären, warum diese Vorgehensweise Vorteile für die natürliche sowie die von Menschenhand geschaffene Umwelt mit sich bringt.

Wir zeigen in den folgenden Kapiteln auf, warum und wieso, und verlassen uns dabei oft auf die Aussagen unserer Farmer selbst. Wie bei jeder Pionierarbeit haben wir viele Fortschritte bei der Entwicklung einer besseren Landwirtschaft dadurch erzielt, dass wir experimentiert und aus eigenen Fehlern gelernt haben. Und wir bilden uns nicht ein, das letzte Wort zu diesem Thema zu haben. In vielerlei Hinsicht schneiden wir die Frage des biologischen Tabakanbaus nur oberflächlich an. Was wir in diesem Buch anbieten, sind praktische Informationen darüber, was unsere Farmer und wir in den letzten 20 Jahren gelernt haben, und warum wir glauben, dass biologischer Anbau und andere umweltfreundliche Anbaumethoden zur Normalität werden sollten. Unser Ziel ist es, Ihnen zu zeigen, wie dies erreicht werden kann.

Auf unserem Weg hatten wir das Vergnügen, mit vielen ausgezeichneten Menschen zusammenzuarbeiten, die mit uns das Engagement zur Produktion des bestmöglichen und naturbelassensten Tabaks gemein haben. Gerade dieser Zusammenarbeit ist es zu verdanken, dass wir uns zum Verfassen dieses Buchs entschlossen haben.

Mike Little  
Senior Vice President – Operations  
Fielding Daniel  
Director of Leaf

# Biologischer Tabakanbau: wer und warum?

So ziemlich jeder kann biologischen Tabakanbau betreiben. Landwirtschaftliche Vorkenntnisse sind jedoch von Vorteil.

Viele, wenn nicht sogar die meisten unserer biologischen Tabakanbauer hatten schon in der Vergangenheit Tabak angebaut. Viele taten ihren ersten Schritt weg vom herkömmlichen Anbau mit dem Beitritt zu unserem „Purity Residue Clean"-Tabakprogramm (mehr über das PRC-Programm später). Natürlich ist es auch möglich, dass Farmer, die bereits andere biozertifizierte Produkte herstellen, den biologischen Tabakanbau aufnehmen. Dementsprechend sind wir beim Verfassen dieses Buchs davon ausgegangen, dass der Großteil der Leser zumindest über ein landwirtschaftliches Grundverständnis oder sogar über Tabakanbaukenntnisse verfügt.

Nachdem wir die Frage beantwortet haben, „wer" den biologischen Anbau von Tabak erwägen mag, gehen wir nun zu einem anderen wichtigen Thema über:

Warum biologischer Anbau?

Viele Farmer würden darauf antworten, dass der biologische Anbau von Tabak *rentabler* ist. Mit einfachen Worten, wir – die wir das Tabakblatt aufbereiten, verarbeiten und in ein fertiges Produkt umwandeln – zahlen den Farmern erheblich mehr für ihren biologisch angebauten Tabak. Hinsichtlich der steigenden Kosten ist der biologische Anbau tatsächlich arbeitsaufwendiger, und man muss bestimmte Regeln befolgen, doch gleichzeitig sind weniger herkömmliche Produktionsmittel erforderlich, was wiederum zu Geldeinsparungen führt.

Wie im Folgenden von den Farmern beschrieben, gibt es weitere verlockende Gründe, zum biologischen Anbau überzugehen. Rentabilität mag weit oben auf der Liste stehen, dasselbe gilt aber auch für die Hinwendung zur nachhaltigen, umweltfreundlichen Landwirtschaft, die durch biologischen Anbau repräsentiert wird. Die achtsamere und schonendere Anbaumethode bedeutet, dass ein Tabak angebaut wird, der frei von verbotenen Stoffen ist, was wiederum den landwirtschaftlichen Betrieb umweltverträglicher und sicherer für die darin Beschäftigten macht.

Niemand sollte die Rolle der Nachhaltigkeit und der richtigen Bodenbewirtschaftung unterschätzen.

Laut Thomas B. Harding, Jr., Gründungsmitglied und ehemaliger Präsident der Organic Trade Association und zur Zeit Mitglied in den Vorständen anderer globaler, ökologisch orientierter Gruppen, ist biologischer Anbau von entscheidender Bedeutung für die Zukunft unserer Weltgemeinschaft. „Energie mag gegenwärtig unser vordringlichstes Problem sein, aber Wasser und dessen zunehmende Knappheit werden sich zum größten Problem des 21. Jahrhunderts entwickeln", erklärt er.

Harding, Präsident von Agrisystems International, hat uns über die Jahre unermessliche Hilfe bei unserem biologischen Programm geleistet. Er sieht eine Reihe von wichtigen Gründen, warum Tabakanbauer zum biologischen Anbau übergehen sollten.

„Erstens wird ein höherwertiges Produkt zu einem angemessenen Marktpreis produziert", sagt er. „Zweitens kann die Landwirtschaft einen immer wichtigeren Beitrag zur gesamten Problematik des $CO_2$-neutralen Anbaus leisten. Drittens schaffen Landwirte durch biologischen Anbau Reserven an organischem Material und Stickstoff im Boden."

Harding, der vom Präsidenten in das U. S. Trade and Environment Policy Advisory Committee bestellt wurde, bietet einen vierten Grund dafür an, warum biologischer Anbau eine immens positive Wirkung auf unsere Welt haben kann – jetzt und in Zukunft. Und dies ist vielleicht sogar der wichtigste Grund: regional ansässige Landwirte, die ihre Gemeinden vor Ort und in der Region nachhaltig versorgen.

Nachhaltigkeit? Dieses Wort beschwört viele Bilder herauf. Unseren Lesern bieten wir folgende Definition des National

Sustainable Agriculture Information Service:

Nachhaltige Landwirtschaft ist eine Landwirtschaft, die reichlich (Produkte) produziert, ohne die Ressourcen der Erde zu erschöpfen oder die Umwelt zu verschmutzen. Es ist eine Landwirtschaft, die den Grundsätzen der Natur folgt, um zur Aufzucht von Pflanzen und Tieren Systeme zu entwickeln, die – wie die Natur auch – selbsterhaltend sind. Nachhaltige Landwirtschaft hängt auch eng mit den sozialen Werten zusammen, sie ist eine Landwirtschaft, deren Erfolg Hand in Hand mit lebendigen Landgemeinden, einem erfülltem Leben für die Landwirte und deren Familien und gesunder Ernährung für jedermann geht.

*National Sustainable Agriculture Information Service* (siehe Kapitel 9, Quellen für den biologisch arbeitenden Tabakanbauer)

Sonnenblumenreihen sind ein unverwechselbares Zeichen dafür, dass in der Nähe eine Farm mit biologisch angebautem Tabak zu finden ist.

Thomas Harding, unser Programmberater, gibt ein praktisches Bespiel für nachhaltigen Anbau:

„Für jedes Prozent organisches Material, das dem Boden durch biologischen Anbau zurückgeführt wird, wird das Wasserhaltevermögen des Bodens um 40 Prozent erhöht", erklärt er. „Organisches Material in den Boden zurückführen ist genau wie einen Schwamm in den Boden zu legen – einen Schwamm, der Wasser hält und dessen lebenserhaltende und anbaufördernde Eigenschaften in der Zukunft genutzt werden können."

Wir sollten hier anmerken, dass Harding, wenn er nicht gerade die Welt in Sachen biologische Landwirtschaft bereist, in seinem eigenen, über 80 Hektar großen Betrieb in Pennsylvania arbeitet, wo er Gemüse, Beerenobst, Baumobst und Heu biologisch zieht.

## Die Anfänge

Bereits lange vor dem Aufkommen von Petrochemikalien, Pestiziden und „moderner" Landwirtschaft in der Mitte des 20. Jahrhunderts wurde jeder Tabak auf natürliche, traditionelle Weise – nämlich biologisch – angebaut.

Als erste bauten die amerikanischen Ureinwohner Tabak an, später die europäischen Siedler. Sie setzten natürliche Insekten- und Schädlingsbekämpfungsmethoden ein, und Neuankömmlinge in der Neuen Welt lernten von den Ureinwohner, wie Naturdünger und Fruchtfolge zur Erhaltung des Bodens beitragen. Tabak war Amerikas erstes pflanzliches Erzeugnis, das für den Handel produziert wurde – und er wurde auf naturbelassenem Weg angebaut. Er ernährte die ersten Siedler, die frischgebackenen Kolonien und eine junge Nation, darunter unseren ersten Präsidenten und wegbereitenden Farmer, George Washington.

Die amerikanischen Ureinwohner waren die ersten, die Tabak anbauten und kultivierten – und das auf umweltfreundliche Art und Weise.

Heute, am Ende des ersten Jahrzehnts des 21. Jahrhunderts, werden sich die Gesellschaften auf der ganzen Welt immer mehr der Bedeutung von Nachhaltigkeit bewusst. Und Verbraucher fordern zunehmend, dass bei der Herstellung der Produkte, die sie kaufen und benutzen, auf umweltfreundliche, traditionelle und innovative Verfahren zurückgegriffen wird.

Das war nicht immer der Fall.

Bis 1989, vor über zwei Jahrzehnten, hatte die Santa Fe Natural Tobacco Company eine kleine Gruppe treuer Kunden gewonnen. Sieben Jahre zuvor (1982) waren wir in Santa Fe, New Mexico, mit dem Prinzip gegründet worden, dass Tabak so genossen werden sollte, wie die Ureinwohner Amerikas dies beabsichtigt hatten. Wir produzierten 100 Prozent reinen Tabak ohne Zusatzstoffe, naturbelassen und ohne Aromastoffe oder künstliche Inhaltsstoffe. Mit fortschreitendem Wachstum des Unternehmens waren wir ständig auf der Suche nach Wegen, das Land, von dem unsere Produkte stammen, und die Menschen, die diese produzieren, zu achten und zu respektieren. Die Hinwendung zum biologischen Anbau stellte eine natürliche Entwicklung dar.

Die Entstehung des Marktes für biologisch angebauten Tabak ist eine aufregende Geschichte (auf die wir später in diesem Buch näher eingehen werden). Im Grunde genommen arbeiteten wir mit einer vielseitigen Gruppe von Menschen zusammen, die alle einen gemeinsamen Wunsch hatten; darunter befand sich ein wegbereitender (und etwas exzentrischer) Farmer aus dem tiefsten Tabakanbaugebiet North Carolinas, ein bedeutender Landwirtschaftswissenschaftler von der North Carolina State University und ein Tabakfarmer indianischer Herkunft. Sie alle waren dazu entschlossen, Tabak auf natürliche – biologische –, traditionelle Art anzubauen.

Auf dem Weg zum biologischen Anbau von Tabak machten wir einen ersten Schritt, der zu einem erfolgreichen umweltfreundlichen Programm führte. Wir entwickelten das erste Programm zur reduzierten Verwendung von Pestiziden, das später in der Branche als „Purity Residue Clean" (PRC) bekannt wurde.

In den folgenden Jahren wurde eine Unmenge an Arbeit in den Aufbau des Programms zum biologischen Anbau gesteckt – viel davon bestand aus Experimentieren und Lernen aus Fehlern. Nach einer Reihe anfänglicher Probleme begannen zwei Farmer, die bereits über ein Stück landwirtschaftlicher Fläche verfügten, die seit drei Jahren brach lag, Tabak auf eine andere Art anzubauen.

Binnen weniger Jahre fand die erste kleine Menge von Tabak aus biologischem Anbau ihren Weg auf den Markt. Das war im Jahr 1991.

Heute beliefern uns über 100 Farmer mit biologisch angebautem Tabakblatt. Hierzu zählen ca. 40 Farmer in den Vereinigten Staaten, weitere 40 in Brasilien und ca. 20 in Kanada. Gegenwärtig erwägen wir auch die Zusammenarbeit mit Farmern in Argentinien und der Türkei. Flächenmäßig decken die Betriebe fast das gesamte Größenspektrum ab. Auf diese Farmer entfällt fast die gesamte Weltproduktion an Tabak aus biologischem Anbau. Diese Zahlen mögen vielen, insbesondere den großen Tabakfirmen, gering erscheinen, doch die Nachfrage wächst beträchtlich. Die Produktion von biologisch angebautem Tabak hat sich in den letzten Jahren jährlich verdoppelt.

Für ihr Engagement und ihren Fleiß erhalten die Farmer, die sich biologischer Bewirtschaftungsmethoden bedienen, im Vergleich zu den Farmern herkömmlichen Tabaks bis zu zweieinhalb Mal so viel Vergütung pro Pfund Tabak.

Unsere Farmer fühlen sich von diesem neuen und lukrativen Markt ermutigt. Viele weiten ihre Produktion auf andere Produkte aus biologischem Anbau aus. Petrochemikalien, einschließlich ihrer Kosten und des Risikos, sie falsch zu handhaben, bieten für sie kaum mehr Anlass zur Sorge. Und viele berichten, dass vor langer Zeit verschwundene wild lebende Tiere und Pflanzen auf ihr Land zurückkehren – Familienfarmland, das sie wahrscheinlich an ihre Kinder und Enkelkinder weitervererben können.

## Damals und heute: Althergebrachtes, Modernes – und jetzt das Postmoderne

Vor nicht allzu langer Zeit stellte der Tabakanbau das Hauptstandbein kleiner Familienfarmen in North Carolina, Virginia und vielen anderen Tabak anbauenden US-Bundesstaaten dar. Die Mehrzahl der Felder maß zwei Hektar oder weniger und wurde sorgfältig von einer kleinen Gruppe von Familienangehörigen und Nachbarn bebaut. Ganze Gemeinden teilten sich bepflanzte Beete und halfen einander bei der Verpflanzung der Setzlinge in die Felder. Mit Beginn der Sommerferien übernahmen die Kinder die Verantwortung dafür, die wachsenden Halme von Geiztrieben und Tabakschwärmern freizuhalten, da man sich häufig die teuren Chemikalien nicht leisten konnte.

Farmerfamilien bildeten das Rückgrat des Tabakanbaus. Diese Tradition wird heutzutage mit biologischen Anbaumethoden fortgeführt.

Nach vollendetem Trocknen half jedermann bei der Beladung der Lkws und folgte dann der wertvollen Ladung in die Stadt und zum Tabakmarkt.

Nicht wenige Gebete wurden gesprochen, während die Auktion im Gang war und die Käufer ihre Angebote ausriefen. Wenn die Qualität gut war, konnte der Tabak zusätzliche zehn

Cent pro Pfund einbringen – dieses Geld wurde dann in neue Farmausrüstung oder Küchengeräte investiert. Die Familienfarmen im Süden der USA bauten zwar Mais und Feldfrüchte an, sie hielten Hühner und Rinder, aber mit den Einnahmen aus dem Tabakanbau wurden zusätzliche Haushaltsausgaben gedeckt und Kleider für die Kinder bezahlt, so dass diese im kommenden Herbst wieder zurück zur Schule gehen konnten.

Vieles hat sich im Laufe der Jahre geändert. Moderne landwirtschaftliche Verfahren brachten eine Maximierung der Erträge durch den Einsatz von Chemikalien und Pestiziden. Viele Tätigkeiten wurden mechanisiert. Tabakfarmen wurden von der US-Regierung aufgekauft, und das Zuteilungssystem verschwand. Das jahrhundertealte Auktionssystem wurde in die Vergangenheit verbannt, und viele Farmerfamilien bauten keinen Tabak mehr an. Große Flächen Farmlands wurden zusammengelegt, und viele Familienfarmen hörten einfach auf, Tabak anzubauen, oder mussten aufgrund der steigenden Zuwanderung in den Süden an Städteentwickler verkauft werden.

Mit der Zeit begannen immer mehr Menschen, Produkte aus biologischem Anbau zu kaufen, die mit umweltfreundlichen Verfahren produziert wurden – einschließlich Tabak. Und einige dieser frühen Verbraucher und Farmer wurden zum Klischee gemacht.

Wer heute ein Feld sucht, auf dem Tabak auf biologische Weise angebaut wird, hält nicht mehr nach einem Farmer Ausschau, der Ketten aus Glasperlen trägt, einen VW-Bus fährt oder ein gebatiktes Hemd anhat. Er sucht nach Sonnenblumen – dem unverwechselbaren Zeichen fortschrittlicher Farmer, die Tabak frei von verbotenen chemischen Düngemitteln und Pestiziden anbauen. Anstelle von Ammoniumnitrat verwenden die Farmer Hühnermist und Knochenmehl als Dünger. Um die Triebe, die aus den Tabakstielen wachsen, unter Kontrolle zu halten, verwenden sie keine Chemikalien, sondern Pflanzenöl – genau so, wie es die Farmer vor 100 Jahren getan haben. Und sie pflanzen eine „Pufferzone" aus großen, gelben Sonnenblumen um ihren Tabak herum an.

Familienmitglieder der Familie Ball bei der Entfernung von Geiztrieben. Geiztriebe sind Ausleger, die häufig aus einer Tabakpflanze wachsen und dabei Energie aus den Blättern der Pflanze ziehen, die der Farmer ernten möchte. In der älteren, herkömmlichen Landwirtschaft – oder heute auf einem nach biologischen Grundsätzen bearbeiteten Feld wie auf diesem Foto – tröpfelt die Familie Speiseöl auf die Geiztriebe. Dies hat die gleiche Wirkung wie die Chemikalien, die in der konventionellen Landwirtschaft eingesetzt werden, muss jedoch per Hand, für jede Pflanze einzeln, aufgebracht werden, da das Öl nur schlecht mit einem Sprüher verteilt werden kann.

„Genau darum geht es", sagt R. Lane Mize, als sein siebenjähriger Sohn Robert nach Bienen schlägt. Diese schwirren in der Nähe der Sonnenblumen umher, die um den für unsere Firma angebauten Tabak herum wachsen. Die blühenden Pflanzen, erklärt Mize, locken Marienkäfer, Bienen und Stelzenwanzen an. Diese Insekten ernähren sich von den Eiern der Blattläuse und Tabakschwärmer, die den Tabak heimsuchen können. Mize baut auf seiner Farm in der Nähe von Oxford, North Carolina, auf ca. 24 Hektar Tabak mit konventionellen Methoden und auf ca. drei Hektar Tabak mit biologischen Methoden an.

„Anfänglich hatte ich so meine Zweifel", sagt er, „aber letztendlich kontaktierte ich die Santa Fe Natural Tobacco Company, um sie nach den Preisen zu fragen, die das Unternehmen für biologisch angebautes Tabakblatt zahlt. Ich war ein wenig skeptisch, aber ihr Spitzenpreis hat mich letztendlich überzeugt."

Mize war einer der ersten Farmer, die ihre Produkte auf biologischer Grundlage herstellen, der Tabak für die Santa Fe Natural Tobacco Company (im Folgenden „SFNTC") anbaute. Ihm gefiel der nostalgische Gedanke, der darin lag, Tabak auf diejenige Art anzubauen, wie seine Familie es vor dem Aufkommen von künstlichen Düngemitteln und Chemikalien getan hatte. „Es erinnerte mich daran, wie wir es gemacht hatten, als ich jung war. Und außerdem war es eine zusätzliche Einnahmequelle.", sagt er.

Viele der ersten Farmer, die sich biologischer Methoden bedienten, waren in der Nähe der Produktionsbetriebe des Unternehmens in Oxford, Granville County, North Carolina, angesiedelt, wo sie sich im Hinblick auf die im Rahmen des National Organic Program des USDA (United States Department of Agriculture) aufgestellten strikten Anforderungen an den biologischen Anbau von Tabak und deren Einhaltung beraten lassen konnten.

Der biologische Tabakanbau ist arbeitsaufwendig – heute wie damals –, jedoch sind die finanziellen Auslagen geringer. Zwar fällt der Ertrag weniger hoch aus – etwa 1.900 Pfund pro 0,4 Hektar im Vergleich zu 2.000 bis 2.500 Pfund pro 0,4 Hektar Tabakfeld, auf dem künstliche Düngemittel und Chemikalien eingesetzt werden –, aber das Unternehmen hilft den Farmern, die Einkommenseinbußen auszugleichen: Es bietet ihnen für den mit biologischen Methoden angebauten Tabak zwei bis zweieinhalb Mal so hohe Preise wie für konventionell angebauten Tabak.

Da der biologische Anbau von Tabak Handarbeit erfordert, wurde er anfänglich nur in kleinem Maßstab praktiziert; häufig wurden nur geringe Flächen hierfür ausgewiesen. Aber in den letzten Jahren hat eine Reihe größerer US-Farmer begonnen, Tabak auf mehreren Hektar Fläche biologisch anzubauen; einer von ihnen sogar ca. auf 18 Hektar.

Farmer Randy Ball (links), der mit biologischen Methoden arbeitet, erhält fachkundige Unterstützung von Peter Hight, Wissenschaftler vom North Carolina Department of Agriculture (rechts), und Assistant Commissioner Dr. Richard Reich (Mitte).

Wie stark ist die SFNTC im Prozess involviert? Die Autoren hierzu im Einzelnen:

**Fielding Daniel:** „Wir haben einen ‚direkten Draht' zu den Farmern; sie wollen für uns Tabak auf biologischem Weg anbauen. Die SFNTC arbeitet mit den Farmern in ackerbaulichen Angelegenheiten zusammen und steht mit ihnen in engem Kontakt. Ebenso steuert eine Reihe externer Sachverständiger wertvolle fachkundige Unterstützung bei, wie zum Beispiel Peter Hight und David Dycus, beide Agrarwissenschaftler am North Carolina Department of Agriculture, oder Sachverständige von der North Carolina State University wie der pensionierte Entomologe Dr. Sterling Southern, der unseren Farmern, die Bio- und PRC-Methoden anwenden, bei der Lösungsfindung im Hinblick auf Nährstoff- und Insektenprobleme vor Ort zur Seite steht."

„Die meisten konventionellen Tabakanbauer verwenden eine bestimmte Menge von Chemikalien, egal, was passiert. Ob sie nur ein Insekt sehen oder hunderte – sie tun alles, um diese zu beseitigen. Unsere Farmer dagegen besitzen sehr gute Kenntnisse auf dem Gebiet des Naturschutzes, des Umweltschutzes und der chemischen Analyse. Diese sind allen anderen Farmern einen Schritt voraus."

**Mike Little:** „Als wir 1989 erstmals versuchten, ein Programm zum biologischen Anbau aufzubauen, lachten die Farmer über die Idee, Tabak auf biologische Weise anzubauen. Heute stellt es für sie eine Möglichkeit dar, für ihre Ernte einen fairen Preis zu erzielen – der Preis ist doppelt so hoch wie der für herkömmlich angebauten Tabak –, und wir ermutigen sie zum biologischen Anbau von weiteren Produkten wie Getreide, Süßkartoffeln und anderem Gemüse."

**Fielding Daniel**: „Wir testen jeden und nehmen Stichproben von jedem Ballen biologisch angebauten Tabaks. Wir gehen drei Seiten verbotener Chemikalien durch und untersuchen jeden Ballen Tabak auf deren Rückstände. Wir nehmen dies sehr genau. Zum Glück mussten wir im Laufe der ganzen Jahre des Bestehens unseres Programms zum biologischen Anbau nur zwei Tabakballen ausmustern. Dies ist ein Beweis dafür, wie sehr sich unsere Farmer den biologischen Prinzipien verschrieben haben."

„Unsere Farmervereinbarungen lassen die Farmer ruhig schlafen. Sie wissen, dass sie ihre Erzeugnisse zur Erntezeit verkaufen können. Und sie wissen, dass sie einen Spitzenpreis erzielen werden, wenn sie unsere Qualitätsnormen erfüllen. Eigentlich ist es nicht ganz richtig, dies als einen ‚Spitzenpreis' zu bezeichnen. Es stimmt zwar, dass wir doppelt bis zweieinhalb Mal so viel für biologisch angebauten wie für konventionell angebauten Tabak zahlen, aber – wie Tom Harding, unser Berater für biologische Anbaumethoden und eine führende Kapazität in ökologisch orientierten Kreisen hier und im Ausland betont – unsere Farmer produzieren ein hochwertigeres, marktgerechtes Produkt. Durch den Einsatz und die Verwendung von nachhaltigen Anbaumethoden stellen die Farmer sicher, dass ihr Tabak keine verbotenen Pestizide und Chemikalien enthält, die Kosten verursachen würden, welche von anderen weiter hinten in der Lieferkette getragen werden müssten. Die höheren Preise, die sie erzielen, sind ehrlich verdient."

Mike Little von der SFNTC

**Mike Little:** „Wir haben uns dem biologischen Anbau verschrieben und werden weiterhin die biologische Tabakproduktion fördern. Wir planen sogar, unsere Farmer, die nach den umweltfreundlichen Leitlinien des PRC-Programms arbeiten – also bereits den Einsatz der meisten künstlichen Chemikalien, Düngemittel und Pestizide vermeiden – zu kontrolliert biologischer Produktion überzuleiten. Obwohl diese Art von Anbau arbeitsaufwendiger ist und erfordert, dass das Land vor der Zertifizierung drei Jahre lang brach liegt, halten wir an diesen Grundsätzen fest, um weiterhin den bestmöglichen Tabak für unsere Produkte verwenden zu können. Nachhaltige Landwirtschaft liegt im Interesse kleiner, unabhängiger Farmer, nicht nur auf dem Gebiet des Tabakanbaus, sondern auch bei Gemüse und anderen Feldfrüchten, die in Fruchtfolge mit Tabak angebaut werden. Vermehrte biologische Produktion entspricht unseren Unternehmensgrundsätzen und ist besser für die Umwelt."

Fielding Daniel von der SFNTC

**Fielding Daniel:** „Der Preis, den wir zahlen, ist gerechtfertigt. Wir glauben, dass die Pflanzen, die unsere Farmer auf biologische Art und Weise produzieren, weit größeren Bedrohungen ausgesetzt und viel anfälliger sind, und deswegen wollten wir ihnen etwas mehr zahlen. Die Preise sind jedoch nicht garantiert. Die Farmer werden nur bezahlt, wenn die Untersuchungen ergeben, dass ihr Tabak keine verbotenen Pestizide enthält. Gemäß den Zertifizierungsvorschriften des USDA findet beinahe eine Nulltoleranz Anwendung (die Werte dürfen fünf Prozent der zulässigen Rückstandstoleranz nicht überschreiten). Wenn wir etwas finden, das die vorgeschriebenen Grenzwerte übersteigt, kommt die Bezeichnung „aus biologischem Anbau" hierfür nicht in Frage. Wir lassen dann unsere Hände davon. Das heißt nicht, dass wir den Tabak nicht abnehmen, er verliert jedoch sofort die Biozertifizierung. Wir verwenden ihn dann in einer konventionellen Mischung oder Ähnlichem. Am wichtigsten ist uns die Einhaltung der USDA-Richtlinien. Alle müssen dieselben Vorschriften befolgen, um diese Zertifizierung zu erhalten."

**Mike Little:** „Wir bemühen uns sehr, zu all unseren Farmern gute Beziehungen aufzubauen und zu pflegen. Wir stehen das ganze Jahr über mit ihnen in Kontakt, und ich kann stolz behaupten, dass wir nie einen Farmer verloren haben. Ein Grund dafür ist die Höhe unserer Vergütung gegenüber dem herkömmlichen Preis, abhängig von der erzielten Güte. Wir bieten einen attraktiven Vertrag. Die Farmer sind sich dessen bewusst und schätzen dies an uns."

„Tabak wurde bisher hauptsächlich im ‚Old Belt' von North Carolina, im Piedmont in Virginia, Kentucky, und in einem Stückchen Küstenebene von North Carolina bis nach Wilson nach biologischen Grundsätzen angebaut. Nun breiten wir uns weiter nach Süden aus – in Gebiete wie Lumberton und Fayetteville – und östlich bis nach Kinston und Goldsboro. Wir stoßen weiter nach Virginia vor und werden uns vielleicht auch bald weiter nach South Carolina hinein ausdehnen."

**Fielding Daniel:** „Der biologische Anbau von Tabak ist

perfekt für zwei Arten von Landwirtschaftsbetrieben: kleine Betriebe mit ungefähr sechs Hektar Tabak, zwei oder drei Scheunen und einer ausreichend großen Familie, dass keine anderen Leute eingestellt werden müssen, und außerdem mit genügend Land zur Verwendung von Fruchtfolgen; diese kleinen Farmer erzeugen eventuell einen Teil ihrer Einnahmen durch einen Zweitjob, der nicht auf der Farm ausgeübt wird. Auf der anderen Seite passt biologischer Tabakanbau gut zum Großfarmer, der bereits ein anderes Produkt biologisch anbaut und den Tabak in seine Fruchtfolge mit einbauen kann."

„Wir glauben, dass Tabak aus biozertifiziertem Anbau für die Tabakfarmer eine einzigartige Chance bietet. Farmer, die aufgrund hoher Chemikalien- und Ausrüstungskosten ihr Land an andere Farmer verpachten mussten, werden nun vielleicht wieder 5.000 bis 10.000 Pfund Tabak anbauen und einen größeren Gewinn erzielen können. Und außerdem stellen das Tabakfeld und die umliegenden Gebiete aufgrund der Vermeidung verbotener Chemikalien keine Gefahr für die Umwelt dar."

**Mike Little:** „Von der Biozertifizierung können auch andere hochwertige saisonale Feldfrüchte profitieren, die auf dem stetig wachsenden Markt für biologisch angebaute Nahrung Höchstpreise erzielen können. Wenn zwei Hektar Tabak für die biologische Produktion ausgewiesen werden, können die Arbeitskräfte besser genutzt werden, da die zusätzliche Arbeit, die das Geizen des biologisch angebauten Tabaks beansprucht, in der „toten" Zeit zwischen dem Köpfen und dem Tabakbrechen durchgeführt werden kann. Der biologische Anbau von Tabak ist zwar etwas arbeitsaufwendiger, doch dies wird durch die von der SFNTC gezahlten Höchstpreise und die niedrigeren Chemikalienkosten mehr als wettgemacht."

# Geschichte des biologischen Tabakanbaus in Amerika

Die Geschichte des biologischen Tabakanbaus in Amerika ist ebenso vielfältig wie die Geschichte der Santa Fe Natural Tobacco Company selbst. Glücklicherweise wurden wir bei der Erforschung dieser Geschichte von zahlreichen Menschen unterstützt, die mit dem Unternehmen und seinen Bemühungen zum Verkauf von Tabak aus biologischem Anbau vertraut waren.

In vielerlei Hinsicht war die Hinwendung zu biologisch angebautem Tabak eine natürliche Entwicklung. Das Unternehmen hat sich seit jeher dem Anbieten von so natürlich wie möglich belassenen Tabakprodukten verschrieben. Dies bedeutete, von Anfang an sicherzustellen, dass von der Aufbereitung über die Weiterverarbeitung bis hin zum fertigen Produkt nichts dem Tabak hinzugefügt wurde.

Mit der Zeit fragte sich das Unternehmen: Warum – wenn man schon jede Möglichkeit nutzte, um ein Tabakprodukt zu garantieren, das so natürlich wie möglich war – sollte man dies nur auf den Herstellungsprozess beschränken? Warum sollte man nicht gleich mit biologischen Samen und biologisch angebautem Tabak beginnen?

Dies war einleuchtend, insbesondere für die Menschen in Santa Fe, New Mexico, einem der fortschrittlichen Orte in Amerika in den 1980ern, wo die Umweltbewegung Fuß fasste und – wenn auch langsam – stetig wuchs.

Also schaute sich das Unternehmen vor der eigenen Haustür um. Denn was ist besser als selbst angebaut? In bahnbrechender Weise arbeitete die SFNTC mit zwei der acht nördlichen Pueblos in New Mexico zusammen – Tesuque und San Juan (jetzt bekannt unter dem Namen Ohkay Owingeh, seinem ursprünglichen Pueblo-Namen), beide in der Nähe gelegen. Obwohl ein Großteil von New Mexico aus Wüste besteht, stand beiden Pueblos das Wasser des nahen Rio Grande zur Verfügung, und sie sollten Höchstpreise erzielen, die weit über dem lagen, was konventionelle Farmer im Südosten der USA erhielten.

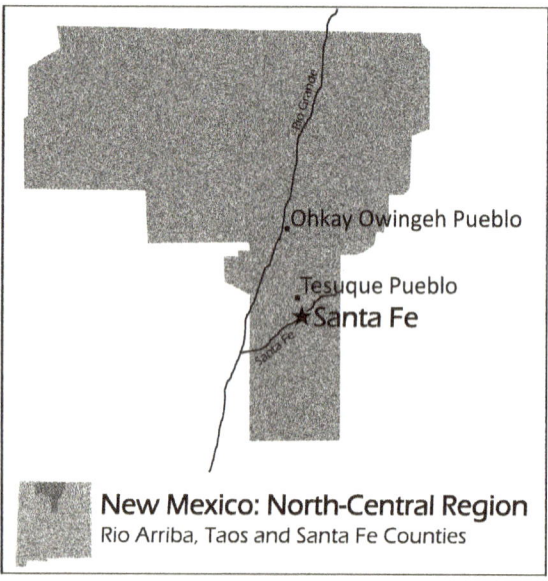

Frühe Tabakanbauversuche in den Siedlungen der Ureinwohner in der Nähe von Santa Fe im Norden New Mexikos.

Dies war ein ehrenwerter Versuch.

Es gibt jedoch einen Grund, warum der amerikanische Südosten – North Carolina, Virginia, Kentucky und andere angrenzende Bundesstaaten – den Ruf der weltbesten Tabakanbaugegend genießt. Das Klima in der Anbausaison ist heiß, bietet viel Regen und ist außergewöhnlich feucht – Bedingungen, die zu einer äußerst guten Entwicklung des Tabaks führen. Die Pflanzen waren kaum in den Boden der Hochwüste von New Mexico gepflanzt, als klar wurde, dass das einfach nicht funktionieren würde. Hinzu kamen einige erschwerende Probleme in Verbindung mit dem offiziellen Tabak-Zuteilungssystem der USA, das damals noch existierte und vorschrieb, wer Tabak anbauen und verkaufen durfte und wo.

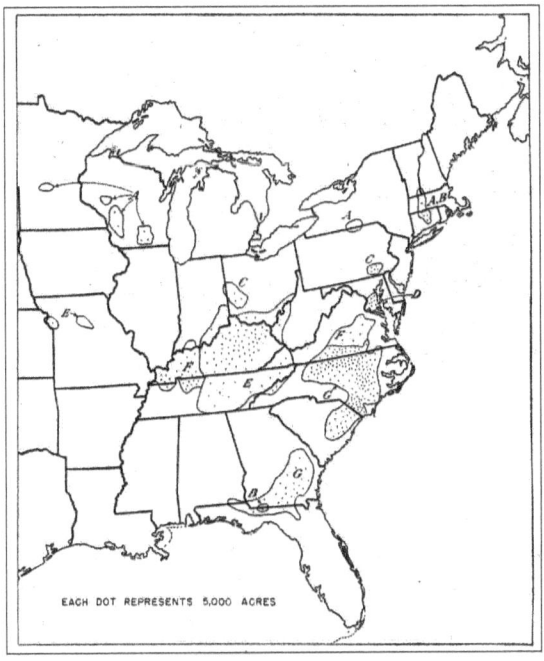

Die größten Mengen Tabak werden im Südosten der USA angebaut, wo es reichlich Regen gibt.

Die Führungskräfte der SFNTC ließen sich nicht abschrecken und bereisten in den späten 1980er-Jahren die berühmten *Tobacco Roads* des amerikanischen Südostens – auf der Suche nach Gelegenheiten und nach gleichgesinnten Personen, die gewillt waren, Tabak auf eine andere Art und Weise anzubauen. Und dies war nicht einfach. Obwohl der biologische Anbau – insbesondere von Obst und Gemüse – im Westen und an einigen Orten in New England Fuß fasste, ließ er in North Carolina auf sich warten. Der Bundesstaat war in den späten 80er-Jahren im Gegensatz zu heute konservativ – sowohl auf der politischen als auch auf der sozialen wie auf der landwirtschaftlichen Ebene. Biologisch angebauter Tabak war völlig unbekannt. Niemand baute Tabak auf diese Weise an; niemand, außer einer einzigen Person, die sich, wenn sie heute noch am Leben wäre, als eine Art Rebell bezeichnen würde: Brownie Van Dorf.

Van Dorfs Eltern flohen 1940 vor den einmarschierenden Nationalsozialisten aus Holland, zogen nach Amerika und fanden sich im östlichen North Carolina wieder. Van Dorf wuchs auf der Familienfarm am Ufer des Pamlico River, in der Nähe des Albemarle Sounds und der Kleinstadt „Little" Washington, auf. Die Van Dorfs züchteten Blumen, insbesondere Pfingstrosen, und Gemüse, was bei einer Familie aus Holland kaum verwunderlich ist. Später experimentierte Van Dorf mit einer Reihe verschiedener Kräuter und Tabakpflanzen, die er auf natürliche Weise anbaute. Dabei folgte er wohl keinem vorgeschriebenen Anbauprogramm, trug aber dennoch wahrscheinlich dem biologischen Anbau, wie wir ihn heute kennen, mehr als Rechnung. Es ist unklar, ob er überhaupt über eine offizielle Tabakzuteilung im Rahmen des damals geltenden Systems verfügte.

Die damaligen Führungskräfte der SFNTC, Robin

Sommers und Leigh Park, berieten sich mit Agrarwissenschaftlern aus dem Südosten und anderen Sachverständigen und Akademikern aus Einrichtungen wie der North Carolina State University.

Sie nahmen Kontakt zu Micou Brown auf, einem Entomologen, und zu Albert „Sun" Butler, einem Chemiker und indianischen Tabakanbauer. Ein weiterer früher Teilnehmer war Steve Upton, ein Farmer im Süden von Virginia.

Foto um 1989. Der Tabakanbauer und Chemiker Albert Sun Butler (links), Robin Sommers von der SFNTC (Mitte), Steve Upton, Farmer aus Virginia (rechts), der Entomologe Micou Brown (nicht im Bild) und Leigh Park (ebenfalls nicht im Bild) zählen zu den Personen, die einen wesentlichen Beitrag zu frühen Anstrengungen auf dem Gebiet des biologischen Anbaus geleistet haben.

Brownie Van Dorf hatte bewiesen, dass es möglich war, Tabak biologisch anzubauen. Sommers und Park zogen ihn zu Rate und trafen Vereinbarungen mit Brown und Butler betreffend den biologischen Tabakanbau. Sommers, Park und die anderen wussten jedoch, dass sie zur Schaffung eines soliden Produkts namens „Tabak aus biologischem Anbau" eine ganze Reihe weiterer Farmer überzeugen mussten. Sommers traf sich mit vielen ökologisch orientierten Gruppen und Organisationen im ganzen Land. Außerdem kontaktierten Sommers und Park eine Vielzahl von Farmern, aber nur wenige antworteten. Unter diesen wenigen war der anerkannte Anbauer von konventionellem, heißluftgetrocknetem Tabak, Ben Williamson aus Darlington, South Carolina, und Burley-Tabakanbauer Roger Smith aus Brooksville, Kentucky.

Foto um 1989. Micou Brown (links) ein Fotograf, und Albert Sun Butler (neben Williamson) treffen sich mit Farmer Ben Williamson (ganz rechts) – einem der ersten Farmer, die Tabak auf biologische Weise anbauten.

Die meisten Farmer waren nicht so schnell bereit, eine andere Art des Anbaus auszuprobieren. „Wer waren diese Leute aus dem Westen, die über den *biologischen* Anbau von Tabak gesprochen haben?", konnte man die Farmer sagen hören.

In der Zwischenzeit, während diese frühen Versuche, einen Markt für biologisch angebauten Tabak zu schaffen, noch in den Kinderschuhen steckten, erörterten die meisten der beteiligten Parteien, wie man am besten weiter vorgehen sollte. Einige wollten gleich weitermachen und sofort beginnen, Tabakprodukte auf biologische Weise zu produzieren – hauptsächlich, weil sie der Überzeugung waren, dies sei gut für die Umwelt. Anderen lag am Herzen, dass Verfahren aufgestellt und vorgeschriebene, regulierende Leitlinien befolgt werden würden. Diese sollten es den Produkten ermöglichen, eine Kennzeichnung zu tragen, die besagte, dass sie aus biologischem Anbau stammten. Die Infrastruktur zur Zertifizierung von Tabak existierte noch nicht einmal. Die SFNTC entschied sich, das Programm zum biologischen Anbau – wenn auch langsam – geflissentlich weiterzuentwickeln. So schwierig es auch war, die Bemühungen zur Gewinnung von Farmern für den biologischen Anbau sollten fortgesetzt werden.

Das Unternehmen entschied sich jedoch dafür, ein Programm aktiv voranzutreiben, das Farmer verpflichtete, auf den Gebrauch bestimmter systemisch wirkender Chemikalien, die Rückstände im Tabak hinterlassen, zu verzichten. Dieses Programm erhielt später den Namen „PRC" („Purity Residue Clean").

„Unsere Beweggründe dafür waren", sagt Leigh Park „dass wir (SFNTC) schon lange die natürlichsten Tabakprodukte angeboten hatten, die wir anbieten konnten. Wir hatten bereits die Herstellungszusätze, die tabakfremden Stoffe, aus dem Herstellungsprozess eliminiert. Aber dann wurde uns klar, dass es beim konventionellen Tabakanbau noch die Problematik der landwirtschaftlichen Rückstände gab. Also schrieben wir es uns auf die Fahnen, diese zu reduzieren." Und so wurde das SFNTC-PRC-Programm ins Leben gerufen.

Während sich die Infrastruktur für den biologischen Anbau entwickelte, wurde zuerst das umweltfreundliche PRC-Programm (PRC: „Purity Residue Clean") eingeführt.

Das PRC-Programm wuchs rapide. Es war gar nicht so schwer, Farmer dafür zu begeistern, die Anzahl systemischer Pestizide zu begrenzen; das Programm zum biologischen Anbau jedoch – das erheblich größere Veränderungen bei den Farmern erforderlich machte – entwickelte sich nur „häppchenweise" weiter. Aber so langsam die Entwicklung auch voranging, jeder Schritt zum biologischen Anbau hin war ein Schritt in die richtige Richtung.

Erst als ein Mann, der aus dem Herzen des Tabakanbaugebiets stammte, seine Unterstützung gab, machte das Programm zum biologischen Anbau wirkliche Fortschritte.

Heute ist Michael Little Senior Vice President of Operations bei der SFNTC. Fast jeder, von der Zentrale in Santa Fe, wo er jeden Monat nur einige wenige Tage verbringt, über die zahlreichen Tabakanbauer, die er im Südosten besucht, bis hin zu Arbeitskollegen im Herstellungsbetrieb des Unternehmens in Oxford, North Carolina, kennt ihn als „Mike".

Mike Little, Head of SFNTC Operations und „Meistermischer", hat fast sein ganzes Leben lang mit Tabak gearbeitet.

In dem Alter, in dem Kinder normalerweise zum ersten Mal ein Baseballfeld betreten, arbeitete und lernte Mike Little bereits auf den Feldern – Tabakfeldern – in der Nähe seines Heimes in Saratoga, North Carolina. Littles Heimatstadt in der Nähe von

Wilson, in Wilson County, North Carolina, liegt tief im Herzen des „*Bright Belt*" des Bundesstaates, der Region des heißluftgetrockneten Tabaks. Er reflektiert über das stolze Tabakerbe des Gebietes. „Tabak", sagt er mit respektvoller, sanfter Stimme, „ist eine von Amerikas ursprünglichen Feldpflanzen."

„Unsere Region blickt auf ein reiches Erbe zurück, da sie die amerikanische Revolution finanziert und den Erfolg einer der ersten Demokratien in der Welt ermöglicht hat", sagt er fast ehrfurchtsvoll. „Dies ist einer der Gründe, warum in Washington D. C. auf Gemälden und dem architektonischen Relief, das das Capitol-Gebäude und eine Vielzahl anderer Bauten in der Hauptstadt der Nation schmückt, Bilder über Bilder von Tabakblättern zu sehen sind. Tabak spielt nach wie vor eine bedeutende Rolle für unsere Wirtschaft, er stellt aber auch einen wichtigen Teil der amerikanischen Geschichte dar."

Tabak – Amerikas erstes pflanzliches Erzeugnis, das für den Handel produziert wurde – spielte eine wichtige Rolle in der frischgebackenen Demokratie.

Mike Little ist ein Meister in der Kunst der Herstellung von Tabakmischungen – die anspruchsvolle Fertigkeit, aus verschiedenen Ernten die richtigen Arten von Tabak auszuwählen, um genau den richtigen Geschmack zu erzielen. Er schreibt dies den Jahren zu, die er in der Lehre bei einem Meister der Branche, einem Virginier namens Jack Smith III, verbracht hat. „Er war der Mischer der Tabakmischer", sagt Little. „Er kannte das Tabakblatt in- und auswendig und hatte ein echtes Gefühl dafür – weniger modernes R&D (research and development) und Finanzanalysen , wie sie heute bei großen Tabakfirmen gang und gäbe sind, und dafür viel mehr Mischkunst per Hand, viel mehr Wissen um und Achtsamkeit für die verschiedenen Blätter und ihre mannigfaltigen Eigenschaften."

Obwohl Little erst Mitte der 90er-Jahre offiziell der SFNTC beigetreten ist, begannen seine Verbindungen zum Unternehmen bereits ein Jahrzehnt früher. Er arbeitete bei einem unabhängigen Tabakbetrieb in Petersburg, Virginia, der ein kleines Unternehmen in New York City mit Tabak belieferte, das handgedrehte Zigaretten für einige der wohlhabendsten Familien und Konsumenten der Nation herstellte. Als die Immobilienpreise im Finanzbezirk rund um die Wall Street in die Höhe schossen, wurde das Land, auf dem der kleine Betrieb gebaut war, zu wertvoll für die Besitzer – die auch nicht jünger wurden –, um den Betrieb fortzusetzen. Sie wandten sich an Mike Little und seine Partner und schlugen vor, dass Little sich direkt mit den Spitzenkunden der Firma, die nur natürliche Produkte höchster Qualität wollten, in Kontakt setzen sollte.

Die SFNTC kaufte zu jener Zeit Tabak von der Firma in New York City und drei anderen Vertragsherstellern. Mike Little wurde dem damaligen Vorsitzenden der SFNTC, Robin Sommers, vorgestellt, der in dem Meistertabakmischer sofort einen Mann sah, dem man die wachsende Zahl an SFNTC-Kunden anvertrauen konnte. Ein Jahrzehnt später entschied die SFNTC, deren Geschäft jährlich zweistellig wuchs, dass sie ihren eigenen Herstellungsbetrieb benötigte. Das Unternehmen wandte sich erneut an Little und schlug ihm 1995 vor, in die SFNTC einzusteigen und den Herstellungsbetrieb des Unternehmens in Oxford und das junge Programm zum biologischen Anbau aufzubauen und zu leiten.

Unter Littles Führung des Tabakbetriebes begannen Farmer, die daran interessiert waren, diese neue alte Art des Tabakanbaus auszuprobieren, sich dafür anzumelden. Viele dieser frühen Tabakanbauer nach biologischen Grundsätzen kamen aus dem PRC-Programm. „Die Reduzierung des Pestizideinsatzes und der Rückstände, die diese im Blatt hinterlassen, war eine hervorragende Idee", sagte ein Farmer zu Mike Little. „Es hat bei mir gut geklappt, warum also nicht einfach aufs Ganze setzen und auf biologischen Anbau umsteigen."

Der Beitritt von Fielding Daniel im Jahr 2000 bedeutete für das Programm einen großen Aufschwung. Daniel, jetzt Director of Leaf and Blending des Unternehmens, ist ein erfahrener Blattexperte. Er arbeitet eng mit den Farmern zusammen, bei denen er ein hohes Ansehen genießt.

Im Lauf der Entwicklung des Programms wurde es offensichtlich, dass der biologische Anbau von Tabak nicht nur arbeitsaufwendiger für den Farmer und den Hersteller ist, sondern dass er auch ein strenges Herangehen an die Dokumentierung, Zertifizierung und Berichterstattung erfordert. Um Unterstützung bei der Reise durch diese noch unbekannten Gebiete der Regierungsvorschriften zu erhalten, wandte sich die SFNTC an einen der erfahrensten und meistgeschätzten Experten im Bereich des biologischen Anbaus, Thomas B. Harding. Harding ist ein Gründungsmitglied und ehemaliger Vorsitzender der Organic Trade Association und gegenwärtiges Vorstandsmitglied anderer weltweiter, ökologisch orientierter Gruppen.

Fielding Daniel, Head of Leaf bei der SFNTC, arbeitet eng mit den Farmern zusammen.

Er spielte – und spielt nach wie vor – eine entscheidende Rolle bei der Schaffung und Führung der „Bioanbau-Bibel" der SFNTC, dem Systemplan des Unternehmens zum biologischen Anbau, und bei der Aufrechterhaltung der biologischen Integrität im ganzen landwirtschaftlichen System, vom Farmer bis zum Verbraucher. Harding begann seine beratende Tätigkeit bei der SFNTC 2002 und ist bis zum heutigen Tag ein unersetzlicher Partner bei diesem Vorhaben.

Zwei Jahrzehnte nach den ersten Nachforschungen und

Versuchen – und nach Bewältigung vieler Hürden – bauen mehr als 100 Farmer Tabak biologisch für die SFNTC an. 1989 kaufte und verarbeitete das Unternehmen 4.000 Pfund biologisch angebauten Tabak, der nach zweijähriger Reifung auf den Markt gebracht wurde. Im Jahr 2000 produzierten schon an die 60 Farmer 750.000 Pfund biologisch angebauten Tabaks für das Unternehmen. In den letzten Jahren hat sich die Nachfrage nach Tabak aus biologischem Anbau jährlich verdoppelt. 2008 verarbeitete die SFNTC mehr als 2.000.000 Pfund.

Tom Harding (links), Gründungsmitglied und ehemaliger Vorsitzender der Organic Trade Association und gegenwärtiges Vorstandsmitglied anderer weltweiter, ökologisch orientierter Gruppen, steht der SFNTC und ihren Farmern, die biologischen Anbau praktizieren wollen, mit sachverständigem Rat zur Seite. Randal Ball, Leaf Manager bei der SFNTC (Mitte), und Fielding Daniel, Leaf Director bei der SFNTC (rechts).

# „Mit eigenen Worten"

Auf den folgenden Seiten sind tatsächlich gemachte Aussagen einer Reihe unserer Tabakanbauer, die biologisch arbeiten, zu lesen. Sie wurden aus unterschiedlichsten Quellen und im Laufe mehrerer Jahre zusammengestellt. An den Stellen, an denen wir Hintergrundinformationen und Kontext hinzugefügt haben, haben wir unsere Aussagen in Kursivschrift gesetzt.

## Anbauer von heißluftgetrocknetem Tabak – auf biologische Art und Weise

**Ben Williamson**, Darlington, South Carolina

*Als einer der ersten Farmer, die von der SFNTC für den biozertifizierten Anbau von Tabak unter Vertrag genommen wurden, begann Ben Williamson 1986 mit dem biologischen Anbau von Tabak – und zwar bis Ende der Saison 2000, nach der er sich zur Ruhe setzte. Er begann damit, dass er im ersten Jahr ca. 0,4 Hektar bepflanzte, und danach erweiterte er seine Anbaufläche jährlich. Im letzten Jahr, bevor er in den Ruhestand ging, bepflanzte er ca. fünf Hektar.*

*Wir haben Ben Williamson immer sehr als Tabakanbauer und als eine Person geschätzt, die es sich nicht nur zur Aufgabe gemacht hat, bei allem, was sie tut, zum Experten zu werden, sondern auch zu einem echten Verfechter des Umweltschutzgedankens.*

„Für mich ist der biologisch angebaute Tabak gewinnbringender als konventionell angebauter, trotz des großen Arbeitsaufwands, der mit biologisch angebauten Nutzpflanzen einhergeht. Es gibt eine ganze Reihe von Dingen, die ich an dieser Pflanze mag."

Ben Williamson, dessen Farm oben abgebildet ist, ist ein echter Verfechter der Umwelt und war einer der ersten Farmer, der auf biologische Weise arbeitete. Er hat sich vielen nachhaltigen Anbaumethoden verschrieben, wie zum Beispiel dem Anpflanzen von Weizen zwischen den Tabakreihen als Windschutz, der das Erdreich sowie die anderen Pflanzen, die Nutzinsekten anlocken, festhält.

„Ich glaube, dass der biologische Anbau auch einen Nutzen für die Umwelt bietet."

*Historisch gesehen zählten Tabakanbauer zu den Farmern, die die meisten landwirtschaftlichen Chemikalien einsetzten, darunter Stoffe wie MH30, das häufig verwendet wurde, um beim konventionellen Anbau Geiztriebe von den Pflanzen zu entfernen.*

„Als die Farmen zur biologischen Produktion übergingen, mussten alle Geiztriebe per Hand in Schach gehalten werden, und das machte wahrscheinlich am meisten Arbeit."

„Es gibt Pilze, die den Tabak verderben, und einige Viren, und außerdem benötigt er eine Menge Nährstoffe, so dass viel Dünger erforderlich ist. Aber die Bekämpfung der Geiztriebe ist wahrscheinlich der wichtigste Grund für den Einsatz von Chemikalien. Und wir verwendeten sogar einige ziemlich starke systemische Insektizide, die mit Sicherheit im Erdreich bleiben."

„Ich sehe bei der SFNTC den ansprechendsten und motivierendsten Umgang mit den Farmern, den ich je erlebt habe. Die SFNTC ist Freund eines jeden Farmers, sehr auf die Zukunft bedacht und äußerst fortschrittlich."

**Billy Carter**, Eagle Springs, North Carolina

*Billy Carter ist ein junger Farmer, der auf seinen Farmen in Moore und Montgomery mehr als 80 Hektar Tabak nach PRC-Richtlinien für die SFNTC anbaut. 1998 pflanzte er seinen ersten Tabak auf biologische Weise auf einer Fläche von ca. 0,8 Hektar an. Heute baut er Tabak auf diese Weise auf ca. 17 Hektar an. Er ist der größte Einzelanbauer von Tabak nach biologischen Maßstäben für die SFNTC. Zum Tabakanbau sagt Carter Folgendes:*

„Ich mag die Herausforderung. Obwohl der biologische Tabakanbau arbeitsaufwendiger ist, ist er doch nicht so viel schwieriger. Die höhere Bezahlung der SFNTC soll hauptsächlich das erhöhte Risiko, die Ernte zu verlieren, abdecken. Der biologische Anbau von Tabak unterscheidet sich im Grunde nicht von anderen Anbaumethoden, abgesehen von der Fruchtbarkeit und der Schädlingsbekämpfung."

Billy Carter

*Vor einigen Jahren, kurz nachdem Billy Carter mit dem biologischen Anbau von Tabak begonnen hatte, brachte der Charlotte Observer einen Leitartikel über ihn. Folgendes erzählte Carter dem Journalisten:*

„Da ich immer schon spezielle Tabaksorten anbauen wollte, war ich aufgeregt, als ich mit dem biologischen Anbau von Tabak für die SFNTC begann. Im Vergleich zum konventionellen Anbau von Tabak (mit Chemikalien und kommerziellen Düngemitteln) gibt es beim biologischen Anbau viel weniger Optionen – und diese nehmen mehr Zeit in Anspruch; es sind keine Ad-hoc-Lösungen. Es ist eine Frage der Bewirtschaftung – man muss mehr im Einklang mit dem arbeiten, was Mutter Natur in einer bestimmten Saison vorgibt. Der Arbeitsaufwand ist ein weiterer wichtiger Faktor: Wir ernten unseren Tabak manuell, benutzen jedoch mechanische Ernteausrüstung, um unsere konventionell angebaute Ernte einzubringen. Der biologische Anbau von Tabak geht also mit viel mehr Arbeitsaufwand einher."

„Unseren ersten heißluftgetrockneten, biologisch angebauten Tabak haben wir 1998 geerntet. Wir pflanzten ungefähr einen Hektar an, um unsere Vertragsverpflichtungen von 4.000 Pfund zu erfüllen. Wir haben uns über die Jahre bemüht, gute Arbeit zu leisten, und 2005 schloss die SFNTC mit mir einen Vertrag über den biologischen Tabakanbau auf ca. 5,5 Hektar ab. Davon verkaufte ich 31.000 Pfund heißluftgetrockneten Tabak an Santa Fe. Wir erzielten in jenem Jahr bei unserem heißluftgetrockneten, biologisch angebauten Tabak einen recht guten Ertrag. Infolgedessen, dass wir jedes Jahr Qualitätstabak geliefert hatten, verpflichtete uns die SFNTC 2006 auch zum biologischen Anbau von ca. einem Hektar Burley-Tabak. Dies war für uns in vieler Hinsicht eine Herausforderung, wenn man bedenkt, dass wir diese Pflanze weder jemals angebaut hatten noch irgendwo angebaut gesehen hatten. Aber es funktionierte ganz gut."

„Wir haben jetzt fast 40 Hektar biozertifiziertes Land. Wir waren auch beim biologischen Anbau anderer Pflanzen recht erfolgreich, haben jedoch noch nicht die richtige Marktnische für diese gefunden. Wir wollten gern mehr auf Großhandelsebene verkaufen, doch da werden nicht die Höchstpreise gezahlt. Es ist besser, wenn man die Produkte selbst auf lokaler Ebene vertreibt. Wir betreiben für unseren Tabak eine Fruchtwechselwirtschaft mit drei- bis vierjährlicher Rotation, was uns bei der Bodenverbesserung für den Tabak hilft."

„Es gibt viele Aspekte, die uns an unserer Beziehung mit der SFNTC gefallen, einschließlich der Tatsache, dass es sich um ein noch junges und im Wachstum begriffenes Unternehmen handelt, das begeistert bei der Sache ist. Natürlich ist das, was unser Interesse weckt, der Umstand, dass sie für das Produkt, das sie erhalten, einen Höchstpreis zahlen. Wir glauben, dass dies ein ehrlich verdienter Höchstpreis ist – eine wirtschaftliche Beziehung zu beiderseitigem Nutzen. Wir investieren eine Menge Anstrengung darin, den Zertifizierungsprozess einzuhalten und die Pflanze auf die von Santa Fe vorgeschriebene Art anzubauen. Deshalb finden wir, dass sie für den Preis, den sie uns zahlen, die entsprechende Qualität erhalten, aber natürlich sportnt uns das, was sie uns zahlen, dazu an, unsere biologische Tabakproduktion aufrechtzuerhalten."

„Eine weitere Sache, die wir an Santa Fe mögen, ist der viel persönlichere Kontakt. Sie sind sehr an dem interessiert, was du machst. Es ist nett, mit Leuten umzugehen, die von dem, was sie machen, begeistert sind und neue und bessere Wege zur Vermarktung ihres Produkts finden möchten. Sie bieten bei diesem Prozess ihren Anbauern sehr viel Unterstützung. Es ist schwierig, ihnen ein ausreichendes Lob auszusprechen, ohne zu schmeichlerisch zu klingen."

„Wir freuen uns sehr über die Möglichkeit, mehr Tabak biologisch anzubauen, und über die Aussicht, dass andere Märkte für biologisch angebaute Produkte entwickelt werden. Dies wäre für uns auf dieser Farm sehr von Vorteil und würde uns ermöglichen, dieses Erbe an unsere Kinder weiterzureichen – etwas, das uns große Freude bereiten würde."

„Es gibt viele Dinge, die ich am biologischen Anbau von Tabak mag, was mir jedoch am besten gefällt, ist die Tatsache, dass die rund fünf Hektar, die ich so bewirtschafte, sich recht gut bezahlt machen. Der höhere Preis, den Santa Fe anbietet, entschädigt uns für zusätzlichen Arbeitsaufwand, Materialien und Risiken, die ein Farmer eingeht, wenn er sein Arsenal an Chemikalien wegwirft, das er benutzt hatte, um Unkraut, Insekten und Krankheiten von seinen Pflanzen fernzuhalten. Anstatt Pestizide einzusetzen, pflanzen wir Sonnenblumen auf Tabakfeldern an, um Marienkäfer anzulocken. Diese wiederum fressen Blattläuse, die mit Vorliebe die Lebenskraft aus den Tabakpflanzen saugen."

*Carter gibt gern zu, dass in manchen Jahren seine Tabakfelder – voller Unkraut und Geiztriebe – zu den hässlichsten, am unordentlichsten aussehenden Feldern im ganzen Land gehörten. Aber sie zählten gleichzeitig zu den wertvollsten.*

**William F. Wyatt**, Mt. Airy, Pennsylvania County, Virginia

*William F. Wyatt, ein Tabakanbauer aus dem Süden von Virginia, ist einer der ersten Vertragsfarmer des Unternehmens, die nach biologischen und nach PRC-Richtlinien arbeiteten.*

„Der biologische Anbau von Tabak ist nicht einfach. Aber die Genugtuung, ‚reinen' Tabak zu produzieren, ist kaum zu übertreffen. Es ist im Grunde genommen das, was die Ureinwohner oder allerersten Kolonisten gemacht hatten. Man darf nur biologische Materialien verwenden, und das so ziemlich auf die gleiche Art und Weise, wie es vor 150 Jahren üblich war."

William F. Wyatt

„Ich baue seit nunmehr neun Jahren Tabak biologisch für die SFNTC an. Mir macht es richtig Spaß, Tabak für die SFNTC zu ziehen, und ich halte ihn für ein gutes Produkt. Ich bin wirklich froh, dass ich etwas anbaue, das im Einklang mit der Natur ist, und ich fühle mich gut dabei. Allerdings dauert es ein Weilchen, bevor man gelernt und herausgefunden hat, wie man Tabak auf diese Weise anbaut. Beim biologischen Anbau verdoppelt sich der Arbeitsaufwand – und das ist nicht zu unterschätzen. Man baut Tabak mehr oder weniger auf die Art und Weise an, wie es vor 150 Jahren üblich war, aber es macht mir Spaß. Man kann jederzeit hierherkommen und Hirsche, Truthähne und anderes Wild sehen. Es ist gut für die Umwelt."

„Bei Santa Fe fühle ich mich wie zuhause. Wir haben zahlreiche Zusammenkünfte und es ist fast wie ein Familienbetrieb. Bis jetzt hat alles sehr gut geklappt. Seitdem wir uns dessen bewusst sind, geht es uns richtig gut. Wenn es die SFNTC nicht gäbe, würde ich heute überhaupt keinen Tabak anbauen. Ich hoffe, dass es sie auch in Zukunft geben wird, damit meine Söhne Landwirtschaft betreiben und Tabak anbauen können."


**Glen Preddy**, Wilton, Granville County, North Carolina

„Mein Bruder Jeff und ich betreiben seit 20 Jahren gemeinsam Landwirtschaft und bauen laut Vertrag mit der SFNTC seit 1999 zwei Hektar Tabak biologisch an. Jedes Jahr bedeutet für uns eine neuartige Erfahrung, aber wir lernen auch jedes Jahr etwas Neues hinzu. Wir haben gelernt, wie man die richtigen Düngemittelmengen ermittelt und Schädlingsbekämpfung durchführt. Und der biologische Anbau von Tabak ist unheimlich arbeitsaufwendig. Die SFNTC hilft uns. Ihre Außendienstmitarbeiter besuchen uns und führen uns verschiedene Arbeitsmethoden vor. Im Großen und Ganzen ist es bisher eine gute Partnerschaft gewesen, und wir würden sogar gern mehr Tabak biologisch anbauen. Ich denke, wir können dies jetzt bewältigen – aus jahrelangen Erfahrungen haben wir viel gelernt."

**Ronnie Moore**, Kenbridge, Lunenburg County, Virginia

„Tabak wird nach biologischen Maßstäben im Wesentlichen so angebaut, wie mein Großvater Tabak anbaute, als ich noch ein kleines Kind war. Wir verwenden biologischen Hühnermist und Mineralöl für die Geiztriebe. Manchmal sieht unser Feld von der Straße aus furchtbar aus, aber zur Erntezeit haben wir keine Geiztriebe. Wir bauen insgesamt ungefähr zwölf Hektar Tabak an, ungefähr vier Hektar davon biologisch."

Ronnie Moore

„Ich habe ein hervorragendes Verhältnis zur SFNTC. Fielding und Willy Brooks (der an der Erstellung des ursprünglichen

Tabakbewertungssystems für die SFNTC mitgewirkt hat und Tabak für das Unternehmen inspiziert und in Empfang nimmt) sind sehr kooperativ und berücksichtigen solche Sachen wie trockene Jahre und Blattlausprobleme. Sie wissen, dass das beim biologischen Anbau eines Produkts vorkommt. Ich bin mit den Preisen, die sie zahlen, sehr zufrieden und auch damit, dass sie meine Vertragsmengen erhöht haben. Jegliche Ausrüstung, die außerhalb des biologisch bestellten Felds eingesetzt wird, muss mit Druckwasser gewaschen werden, damit keine Erde von einem Feld auf ein anderes gelangt. Es ist nun mal ein reines Produkt – im Grunde genommen das, was die amerikanischen Ureinwohner oder allerersten Kolonisten produziert hätten. Wachteljäger fragen mich oft, ob ich hier Wachteln gesehen habe. Ich antworte ihnen, sie seien draußen auf den Tabakfeldern. Wir setzen dort draußen weder Pestizide noch Chemikalien ein, die den Wachteln schaden könnten. Und dort ziehen sie auch ihren Nachwuchs auf – mitten in unseren Tabakfeldern."

**Ralph Tuck**, Virgilina, Halifax County, Virginia

*Ralph Tuck ist einer der ersten SFNTC-Farmer. Er baut für das Unternehmen Tabak sowohl auf biologische Weise als auch nach PRC-Richtlinien an.*

„Ich bin stolz darauf, Tabak auf natürliche Weise anzubauen – ohne verbotene Stoffe und mit zugelassenen Produkten. Wir haben unsere Anbaumengen ein wenig vergrößert und könnten mehr bewirtschaften als das, was wir gegenwärtig anbauen. Es ist auf alle Fälle ganz anders, als Tabak auf reguläre Weise anzubauen. Man benutzt zwar dasselbe Grundwissen, aber verschiedene Produktionsmittel und trocknet und handhabt diesen Tabak auf ganz unterschiedliche Weise. Es ist äußerst zeitaufwendig und auf jeden Fall eine Herausforderung. Für uns hat es bisher sehr gut geklappt. Wir sind absolut dazu in der Lage, mehr anzubauen."

Ralph Tuck

**Terry und Cecil Allen**, Roxboro, Person County, North Carolina

„1998 haben wir mit dem biologischen Anbau von Tabak für die SFNTC begonnen und führen dies seither jedes Jahr fort. Wir haben ca. 14 zertifizierte Hektar, auf denen mindestens alle drei Jahre die Frucht gewechselt wird. Wir haben gelernt, wie man Blattläuse unter Kontrolle hält, da man sowieso nicht alle töten kann. Der Ertrag unterscheidet sich nicht allzu sehr von dem aus konventionell angebautem Tabak –sehr ähnlich."

Cecil Allen

Der größte Unterschied ist der Arbeitsaufwand und dass man mehr Land für die Fruchtfolge benötigt. Santa Fe hat uns sehr dabei geholfen, in Gang zu kommen. Sie empfangen uns immer mit einem Lächeln, was sehr wichtig für mich ist. Wir haben eine Menge Land, könnten also mehr anbauen."

**Lane Mize**, Granville County, North Carolina

*Lane Mize war ebenfalls einer der ersten Farmer, die Tabak auf biologische Weise für die SFNTC anbauten.*

„Mir macht es Spaß, ihn anzubauen. Ich war anfänglich bezüglich des Ganzen ein wenig skeptisch, aber nachdem ich mich näher damit beschäftigt hatte, wurde mir klar, dass man nur die Grundregeln befolgen muss, um zertifiziert zu werden. Ich mag ihn mehr als konventionell angebauten Tabak. Unser biologisch angebauter Tabak war genau so ertragreich wie unser konventionell angebauter."

Lane Mize

„Es gibt diese ganzen Leute *(Konsumenten)* aus den 1960ern, die jetzt Geld haben. Ich denke, die Sache wird richtig ins Rollen kommen. Ich glaube ernsthaft, dass sie (die SFNTC) expandieren werden, und ich möchte mit ihnen gemeinsam expandieren. Sie scheinen jeden wie ein Familienmitglied zu behandeln. Jedesmal, wenn ich etwas gebraucht oder angerufen habe, waren sie immer für mich da. Im Hinblick auf biologisch angebauten Tabak möchte ich mehr. Ich würde sehr gern meine Ackerfläche erweitern."

**Jane Iseley**, Burlington, Alamance County, North Carolina

Jane Iseley war unter den ersten Farmern, die biologische Anbaumethoden benutzten. Lange bevor sie 1997 zur SFNTC-Vertragsfarmerin wurde, hielt sie als Berufsfotografin Dinge in ihrem unverfälschten und ursprünglichen Zustand fest. Auf der Farm ihrer Familie aufgewachsen, wurde Iseley zur versierten Fotografin, kehrte jedoch letzten Endes auf ihre Farm in Alamance County zurück. 1980 zeigte Iseleys kränklicher Vater ihr, wie Tabak angebaut wird.

Jane Iseley

„Da ich als Vertragsfarmerin Tabak biologisch für die SFNTC anbaute, konnte ich im Geschäft bleiben. Wir sind nie große Tabakanbauer gewesen. Aber es passte irgendwie zu uns. Wenn wir keinen Tabak nach biologischen Methoden anpflanzen würden, würden wir gar keinen anbauen. Der biologische Anbau von

Tabak, frei von jeglichen verbotenen Pestiziden, überzeugte mich davon, auch bei meinen konventionell angebauten Produkten den Einsatz von Pestiziden zu reduzieren. Ich experimentierte mit dem biologischen Anbau unter anderem von Mais und Salat. Und jetzt habe ich mich vollkommen auf biologischen Anbau umgestellt."

„Ich kann kaum glauben, dass alles 1998 begann, als ich anfing, für die SFNTC Tabak biologisch anzubauen. Ich hatte zuvor meinen Vater gefragt: ‚Glaubst du, du könntest mir beibringen, wie man Tabak anbaut?' Er lebte regelrecht auf und sagte: Ja, ich glaube, das könnte ich.' Und so begannen wir mit einem halben Hektar, und in jenem ersten Jahr musste er mir alles über Tabakanbau beibringen. Wir ließen jede neunte Reihe aus. In diese Reihen pflanzten wir Nutzpflanzen, die andere Insekten anlockten, die unseren Tabak befallen könnten. Im Grunde genommen betreiben wir Landwirtschaft wegen der Lebensqualität. Es ist ein schweres Leben. Aber da unsere Farm im Flusstal liegt, bieten wir vielen Tieren Platz zur Aufzucht ihrer Nachkommen."

**Allen und Randy Ball**, Henderson, North Carolina

*Diese beiden Brüder, die von 1997 bis 2002 Tabak biologisch für die SFNTC anbauten, sind ein hervorragendes Beispiel für Teilzeitfarmer, die einen erheblichen Beitrag zur Förderung des biologischen Tabakanbaus leisteten. Unsere ganze Tabakfamilie trauerte im Jahre 2002, als Allen Ball unerwarteterweise verstarb. Aber wir alle werden die Arbeit und das Engagement der beiden Brüder nie vergessen. Randy Balls zwei Söhne, Ryan und Randal, arbeiten für die SFNTC in Oxford – Ryan als Vertriebsleiter, Randal als Leaf Manager.*

*Für Allen und Randy Ball war der nebenberufliche biologische Anbau von Tabak eine Familienangelegenheit. Die Brüder bauten* ungefähr eineinhalb Hektar Tabak an, wobei sich alle Familienmitglieder daran beteiligten – meist am Feierabend, nach ihrer regulären Arbeit, und an Samstagen. Weil diese Art von Tabakproduktion so arbeitsaufwendig ist, beteiligten sich alle Mitglieder der Ball-Familie daran, einschließlich der Ehefrauen und Kinder. Sogar die Mutter der Brüder, Eva Pearl, half bei der Trocknung des Tabaks. Die Brüder waren stolz auf ihre Methode, Sonnenblumen gemeinsam mit Tabak anzupflanzen, um Marienkäfer anzulocken, die Blattläuse fressen. Randy Ball nahm für einen Artikel im SFNTC-Newsletter „Smoke Signals" Stellung:

Randy Ball, Mike Little und Allen Ball (von links nach rechts)

„Wir haben vielleicht nicht den schönsten Tabak, aber ich bin mir sicher, dass wir die schönsten Felder haben werden."

„Bei der biologischen Bewirtschaftung von Tabakfeldern muss man sich wirklich darum kümmern wollen. Durch den Einsatz von Programmen zum biologischen Anbau benutzt man nicht mehr so viele Chemikalien und greift auf das zurück, was einst üblich war. Und das ist es, was uns daran gefällt. Mit der richtigen Fruchtfolge können die Erträge genau so gut sein wie bei konventionell angebautem Tabak und man erzielt auf alle Fälle die gleiche Qualität."

„Wir wenden auch konventionelle Naturschutzverfahren an, was die Wasserwege etc. angeht. Wir experimentierten auch mit Tabak in Direktsaat. Wir sind davon begeistert und planen, dies fortzuführen, sogar beim biologischen Anbau. Mit Santa Fe kann man sehr gut zusammenarbeiten. Sie haben es uns ermöglicht, eine kleine Farm zu betreiben, was wir mit konventionell angebautem Tabak aufgrund der Größe unseres Betriebs wahrscheinlich nicht gekonnt hätten."

Ein junger Ryan Ball, Allen Balls Neffe und Randy Balls Sohn, erntet biologisch angebauten Tabak von Hand. Ryan ist jetzt Vertriebsleiter bei der SFNTC.

„Da beide unsere Eltern Teilzeitfarmer sind und nur auf etwa 1,5 Hektar Tabak biologisch anbauen, beteiligen sich alle Mitglieder unserer Familie am Feierabend nach unserer regulären Arbeit und an Samstagen an der Arbeit. Es ist unser Ziel, die Familienfarm für viele weitere Generationen weiterzuführen."

*Günstige Wetterbedingungen mögen der Grund dafür gewesen sein, dass die biologische Produktion in ihrem ersten Jahr erstaunlich lukrativ für die Brüder war. Unterstützt durch hervorragendes Wetter und einen geringen Befall mit Schwärmern erzielten die Brüder einen durchschnittlichen Ertrag von 2.400 Pfund pro 0,4 Hektar auf ihrer biologisch bewirtschafteten Fläche von ca. 1,5 Hektar – ein sehr guter Ertrag, mehr als so mancher konventionelle Tabak in diesem Gebiet erzielte.*

**Richard Ward**, Whiteville, North Carolina

*Obwohl er sein ganzes Leben lang konventionelle Landwirtschaft betrieben hatte, baute Ward erstmals im Jahr 2000 Tabak biologisch an und bewirtschaftete bei der letzten Zählung 14 Hektar auf diese Art.*

„Im ersten Jahr, in dem ich Tabak biologisch anbaute, wurden wir zweimal am selben Tag Opfer eines Hagelsturms. Es war Ende Juli und der erste Hagelsturm traf uns um drei Uhr nachmittags, der zweite dann sechs Stunden später. Die Ernte wurde geradezu verwüstet; ich verlor 60 Prozent davon. Im zweiten Jahr bepflanzte ich vier Hektar, während ich alles zum Thema biologischer Anbau recherchierte, um mein Wissen darüber zu erweitern.

„Wirtschaftliche Überlegungen waren der Grund, warum ich zum biologischen Anbau übergegangen bin. Ich sprach mit einem Mitarbeiter der Agricultural Extension Agency und fragte ihn danach, was ich tun könnte, um meinen Verdienst aufzubessern. Alles in der konventionellen Landwirtschaft wurde immer mehr reduziert. Dieser Mitarbeiter der Agricultural Extension schickte mir Informationen über biologischen Anbau zu. Ein Großteil der damals (vor ungefähr zehn Jahren) zur Verfügung stehenden Informationen war jedoch, wie ich später erfuhr, falsch. Also suchte ich mir die Namen und Kontaktinformationen einiger Farmer heraus, die biologischen Anbau betreiben. Wir sprachen drei- oder viermal miteinander. Und ich besuchte andere Farmer, die Tabak auf diese Art anbauten, einer davon wohnte sogar 100 km entfernt."

„Ich hatte damals Rinder und daher viel Land, das fünf oder sechs Jahre lang nicht mit Chemikalien behandelt worden war. Weiterhin besaß ich auch Land, das ich gepachtet hatte; es war zu sandig – nicht genügend Mutterboden für Mais und Bohnen. Ich begann also damit, dieses Land zu bebauen, und stellte fest, dass sich mein Einkommen voraussichtlich verbessern würde."

Richard Ward

„Konventionell arbeitende Farmer denken wie folgt: ‚Hast du ein Problem (z. B. Krankheit oder Insektenbefall), dann kaufe ein paar Chemikalien und bekämpfe es damit.' Beim biologischen Anbau stehen uns andere, nicht chemische Mittel zur Verfügung, wie zum Beispiel der Anbau von bestimmten Pflanzen zum Anlocken von Nutzinsekten, die die Schädlinge fressen, und Naturdünger. Bei der biologischen Bewirtschaftung verbessert man sein Organisationsgeschick."

„Was mich vorantreibt, ist das Gefühl von Zufriedenheit, das ich habe, wenn ich die Ergebnisse meiner ganzen schweren Arbeit sehe, die nötig ist, um alles auf biologische Weise anzubauen. Ich bin seit jeher ein Farmer gewesen, der zupackt und gern raus geht und selbst auf den Feldern arbeitet."

*Wie viele andere Tabakanbauer, die für einen gesunden Boden Fruchtfolge betreiben müssen, baut Ward auch Gemüse biologisch an. Zusätzlich zu Tabak pflanzte er im ersten Jahr Süßkartoffeln. Aber das Unglück schlug wieder zu, als er auf einen mehr als unehrlichen Zwischenhändler stieß. Ward nahm deswegen im nächsten Jahr auch den Verkauf selbst in die Hand.*

*In der Hoffnung, bessere Arbeitsmethoden zu erlernen, besuchte er auch weiterhin jeden angebotenen Workshop. Er nahm an Veranstaltungen der Carolina Farm Stewardship Association, Programmen des U. S. Department of Agriculture sowie an Obst- und Gemüseausstellungen und Konferenzen in North Carolina teil, bei denen er allerlei Informationen erhielt.*

*Im zweiten Jahr seiner „Karriere" im biologischen Anbau pflanzte er Zuckermais, Mais für Grütze und Maismehl sowie Gurken, Speisekürbisse und Wassermelonen. Aber er verdiente nicht viel Geld. „Ich musste erst auf dem Markt bekannt werden, mir einen Namen machen", sagt er. Später baute er dann Erbsen, Erdbeeren, Brokkoli, irische Kartoffeln, die er nach Boston lieferte, Honigmelonen,*

*Gemüsepaprika, Tomaten und sechs verschiedene Arten Speisekürbis an.*

*Schließlich ging er zum Verkauf seiner Produkte eine Partnerschaft mit anderen Farmern ein, die „Eastern Carolina Organics" genannt wurde. „Wir stellten ein paar Arbeitskräfte ein, kauften Kühlvorrichtungen und Lkws", sagt er. „Wir haben damit richtig gute Ergebnisse erzielt." Die Naturkostkette Whole Foods ist einer seiner größten Abnehmer, und er lobt deren organisierte Vorgehensweise im Umgang mit Farmern wie ihm selbst. „Es werden oft persönliche Treffen organisiert, und es gibt genügend Gelegenheiten für die Farmer, ihren Standpunkt zu äußern und Vorschläge zu unterbreiten", sagt er.*

Richard Ward mit seinem biologisch angebauten Mais, den er an Whole Foods verkauft.

**Stanley Hughes**, Orange County, North Carolina

*Der biologische Anbau von Tabak bedeutet viele Stunden manueller Arbeit auf den Feldern. Als ihm in den 1990ern unter dem alten Tabaksystem die Quoten gekürzt wurden, wurde Stanleys bereits kleine Pine Knot-Farm noch kleiner. Hughes, der Gemüse biologisch anbaut und es verkauft, erhielt Anfang des 21. Jahrhunderts die Auszeichnung „Young Farmer of the Year" von der North Carolina A&T University.*

„Hätte es nicht die Möglichkeit des biologischen Tabakanbaus gegeben, hätte ich nicht Landwirtschaft betreiben können."

Stanley Hughes

„Ich bin ein afroamerikanischer Farmer in der dritten Generation, das jüngste und das einzige von zwölf Kindern, das die Landwirtschaft zu seinem Beruf gemacht hat. Mehr als 20 Jahre lang ging ich einem Vollzeitjob nach, der nichts mit der Farm zu tun hatte, und baute nebenbei Tabak an – seit 1996 biologisch. Um weiterhin mit einem Betrieb Gewinn zu erzielen, dessen Tabakzuteilung von zehn auf sechs Hektar reduziert wurde, musste ich zum biologischen Anbau übergehen. Ich war einer der ersten Farmer im Bundesstaat, der von der SFNTC für den biologischen Tabakanbau unter Vertrag genommen wurde."

„Der einzige echte Unterschied beim biologischen Anbau war, dass ich lernen musste, wie man Nutzpflanzen gemäß den strengen biologischen Vorgaben anbaut. Es ist nicht viel anders als damals, als ich mich gemeinsam mit meinem Vater um den Tabak kümmerte und wir keine Chemikalien zur Schädlingsbekämpfung besaßen. Ich glaube fest an biologisch angebauten Tabak, insbesondere wegen der guten Preise, die die SFNTC für Qualitätstabak aus biozertifiziertem Anbau zahlt. Da ich Rohtabak höchster Qualität unter Anwendung umweltfreundlicher Chemikalien und bewährter landwirtschaftlicher Methoden produzierte, konnte ich bisher immer Höchstpreise erzielen."

„Wenn man keinen großen Betrieb hat, muss man bei den hohen landwirtschaftlichen Kosten fast andere Sachen ausprobieren, um seine Farm zu behalten. Als Afroamerikaner hatte ich das Gefühl, dass mir die Landwirtschaft nicht gerade tolle Zukunftsaussichten bot – um Kredite zu erhalten und um diese rechtzeitig zu bekommen, muss man entweder mehr Sicherheiten bieten oder jemanden als Mitunterzeichner haben."

„Ich vergoss meinen Schweiß und nutzte meinen Einfallsreichtum für das gleiche Land, das schon meine Großeltern mütterlicher- und väterlicherseits bebaut und bewirtschaftet hatten.

Einst hat diese Farm drei Familien ernährt, und jetzt ernährt sie nur eine, aber ich fühle mich gut dabei, der einzige zu sein, der die Träume unserer Großväter erfüllt."

„Frei zu sein, an der frischen Luft zu arbeiten und die Produkte zu sehen, die ich nun biologisch anbauen kann, ist das, worum es geht. Es ist, als ob man sagen würde: ‚Ich habe diesen Samen gesät und sieh, was ich daraus gemacht habe.' Natürlich kann man ohne die Hilfe unseres Herrn gar nichts schaffen – auf keinen Fall – aber sagen zu können, man habe die Richtung angegeben, ist das, was Landwirtschaft ausmacht. Es geht darum, seinen eigenen Weg zu gehen."

„Im ersten Jahr hatte ich einen halben Hektar dafür ausgewählt, und nachdem ich diesen bepflanzt hatte, sah ich, dass ich zwei hätte probieren sollen."

*Heute baut Hughes neben 3,5 Hektar Tabak gemäß PRC-Programm noch 2,5 Hektar Tabak biologisch an.*

„Die biologische Methode ist etwas risikoreicher, da man keinerlei verbotene Stoffe anwenden darf, aber beim biologischen Anbau geht es nun mal darum, dass man gewillt ist, ein Risiko einzugehen, wenn man dafür doppelt so viel aus seiner Ernte herausholen kann."

**Tommy Winston**, Granville County, North Carolina

*Tommy Winston war ebenfalls einer der ersten Vertragsanbauer, der sich dem biologischen Anbau verpflichtete, und baute mehrere Jahre lang erfolgreich Tabak biologisch an.*

„Man kann unheimlich gut mit den Leuten von der SFNTC zusammenarbeiten. Als ich Probleme hatte, Dünger zu finden, die als biologisch anerkannt werden würden, dachte ich: ‚Warum können wir nicht etwas ausprobieren, das schon die Ureinwohner Amerikas verwendet haben, und Fischmehl einsetzen?'"

Tommy Winston

*Er erinnerte sich an Geschichten über amerikanische Ureinwohner, die immer einen Fisch zusammen mit ihrer Mais-Saat lagerten. Er wusste, dass Fischmehl als Futtermittelzusatz und Düngemittel verwendet wurde. Winston hatte die Idee, Mineralöl zur Bekämpfung von Geiztrieben zu verwenden, da er sich daran erinnern konnte, dieses Öl beim*

*Tabakanbau mit seinem Vater verwendet zu haben, bevor es chemische Mittel zur Bekämpfung von Geiztrieben gab. Allerdings verwendet er entweder Mais- oder Sojaöl als Ersatz, weil diese leichter als Mineralöl erhältlich sind, obwohl die Pflanzen Blätter abwerfen können, wenn zu viel davon angewendet wird. Allerdings sagt er, dass er trotzdem noch per Hand die Geiztriebe entfernen müsse. Winston entschied sich aufgrund des höheren Preises, den die SFNTC für biologisch angebauten Tabak zahlt, und weil er glaubt, dass das Unternehmen bereit ist, sich bei der Zusammenarbeit mit den Farmern überdurchschnittlich zu engagieren, einen Vertrag mit dem Unternehmen zu unterzeichnen. Für Winston gibt es keinen großen Unterschied zwischen dem biologischen und dem konventionellen Anbau von Tabak – biologisch angebauter Tabak erfordert jedoch zur Unkrautbekämpfung mehr Hacken und Jäten.*

## Anbauer von Burley-Tabak – auf biologische Art und Weise

*Die Farmer, die Burley-Tabak biologisch anbauen, sind weniger zahlreich als diejenigen, die heißluftgetrockneten Tabak auf diese Weise anbauen; sie befinden sich hauptsächlich in Kentucky. Die Farmer, die den biologischen Anbau bereits mit dem Burley-Tabak versucht haben, haben gute Erfahrungen damit gemacht.*

**Roger Smith**, Brooksville, Kentucky

*Smith war einer der ersten Farmer, die in den frühen 1990ern Burley biologisch angebaut haben. Heute baut Roger Tabak für die SFNTC an und koordiniert sieben andere Farmer in Kentucky, die bei der SFNTC unter Vertrag stehen.*

„Ich persönlich würde heute keinen Tabak auf andere Weise als auf die biologische anbauen. Man muss jedoch viel Arbeit investieren, wenn es klappen soll. Viele Farmer haben mich um Rat gebeten, was den biologischen Anbau von Tabak anbelangt. Es ist auch von Vorteil, dass die Santa Fe den Farmern gegenüber freundlich gesinnt ist und über Außendienstmitarbeiter verfügt, die die Farmer unterstützen."

Roger Smith

„Die Schädlingsbekämpfung ist auch für die Anbauer von Burley-Tabak eine Herausforderung. Grund dafür ist, dass die einzigen kommerziell erhältlichen Insektizide, die man anwenden darf, aus dem Bacillus thuringiensis (Bt) gewonnen werden. Wir verwenden das Mittel „Dipel" (ein Bt-Produkt, das für den Gebrauch beim biologischen Tabakanbau zugelassen ist) zur Bekämpfung von Tabakschwärmern, die unsere Felder heimsuchen. Wir haben aber auch gelernt, Populationen von Nutzinsekten wie Marienkäfern und Florfliegen zu vergrößern, indem wir Pflanzen anbauen, die diese anlocken. Sie vermehren sich häufig in Sonnenblumen, Heu und bestimmten Blumen."

„Die meisten Landwirte, die Chemikalien einsetzen, schrecken vor dem biologischen Tabakanbau zurück, wenn sie erfahren, dass Geiztriebe von Hand bekämpft werden müssen. Aber es ist zu schaffen, wenn man Arten anbaut, die nicht sehr zur Bildung von Geiztrieben neigen. Anbauer von Burley-Tabak müssen meistens zweimal pro Jahr Geiztriebe von ihren Pflanzen entfernen. Aber in einem feuchten Jahr kann das auch dreimal nötig sein. Es ist möglich, die Entwicklung von Geiztrieben etwas einzudämmen, indem auf die Spitzen Sojaöl aufgetragen wird, das dann den Stängel hinunterläuft."

„Die besten Voraussetzungen für den biologischen Anbau von Burley-Tabak hat ein Farmer, der Land in einer Flussniederung besitzt. Man muss sich allerdings vor verschmutzten Flüssen hüten, die über die Ufer treten und auch das Erdreich verunreinigen können. Gleiches gilt für Bewässerungswasser, das zum Entzug der Biozertifizierung führen kann. Solange die Nachfrage nicht steigt, wird der biologische Anbau von Burley-Tabak auf kleine Betriebe begrenzt bleiben. Aber das Interesse daran wächst kontinuierlich. Der von der SFNTC angebotene Preis ist im Allgemeinen doppelt so hoch wie der Marktpreis. Die Farmer liefern an einem festgelegten Tag, normalerweise im Dezember, ihren Tabak an die SFNTC zu einem Lagerhaus in Lexington, Kentucky."

**Gene Turpin**, Lebanon, Kentucky

„Es gibt einige deutliche Vorteile, die der biologische Anbau von Tabak mit sich bringt, insbesondere die Verbesserung der Bodenbeschaffenheit. Natürlich wird einem nichts geschenkt. Für den biologischen Anbau ist viel harte Arbeit nötig.. Man gibt weniger für Chemikalien aus, dafür ist der Arbeitsaufwand erheblich höher.

Eine weitere Voraussetzung für den biologischen Tabakanbau ist eine Hacke, die gut in der Hand liegt, da Unkrautbekämpfung komplett von Hand oder mittels mechanischer Bearbeitung durchgeführt wird. Obwohl man viel hinzulernen muss, würde ich jedem Farmer den biologischen Anbau empfehlen."

Burley-Tabak aus Kentucky.

**Tom Croghan**, Cub Run, Kentucky

*Croghan baut seit den späten 1990ern Burley-Tabak auf biologische Weise an.*

„Mein Ertrag aus biologischem Anbau liegt normalerweise zwischen 2.000 und 2.200 Pfund pro 0,4 Hektar. Gelegentlich kann man 2.500 Pfund pro 0,4 Hektar erzielen. Das ist ziemlich gut im Vergleich zu herkömmlich angebautem Tabak, bei dem man Erträge zwischen 2.800 und 3.000 Pfund pro 0,4 Hektar erzielen kann. Die SFNTC zahlt für biologisch angebauten Tabak echte Höchstpreise, was dieser Farm das Überleben sicherte."

„Ich habe häufig „Safer Soap" gegen Blattläuse eingesetzt. Ich verwende nicht gern Insektizide, da die meisten neben den Schädlingen auch Nutzinsekten töten. Es gibt sowieso eine Unmenge an Marienkäfern, Florfliegen und Gottesanbeterinnen. Ich habe auch eine ziemlich gute Population an Schlupfwespen, und deshalb verursachen Schwärmer bei uns nicht allzu viel Schaden."

Angebundener Burley-Tabak bei der Ernte.

**Chris Korrow,** Burkesville, Kentucky

*Korrow bringt die Produktion einer gefragten biologisch angebauten Pflanze erfolgreich mit jahrhundertealten Methoden in Einklang. Im Jahr 2000 war er einer von acht Farmern in Kentucky und von sechs in anderen „Burley-Staaten", die für die SFNTC eine Gesamtmenge von ungefähr 70.000 Pfund an biologisch angebautem Burley-Tabak produzierten – durchschnittlich ca. 5.000 Pfund pro Farmer.*

„Ich glaube, dass biologisch angebauter Tabak eine bessere Zukunft als so mancher konventionell angebaute hat, da dieser ein Teil des Biotrends in unserem Land ist."

# Biologischer Anbau von Tabak

In diesem Kapitel geben wir Informationen über den Prozess des biologischen Tabakanbaus – von der Vorbereitung des Bodens und der Zertifizierung bis hin zum Pflanzen von Setzlingen und dem Transport der getrockneten Blätter zu unseren Aufnahmestellen. Dies ist ein umfangreiches Thema, und wir werden versuchen, es so gründlich und verständlich wie möglich zu behandeln. Wie bereits in der Einführung hervorgehoben und wie dies der Fall bei jeder Pionierarbeit ist, haben wir jedoch viele Fortschritte bei der Entwicklung besserer Anbaumethoden dadurch erzielt, dass wir experimentiert und aus eigenen Fehlern gelernt haben. Wir maßen uns nicht an, das letzte Wort zum biologischen Anbau von Tabak zu haben. Wir und die Tabakanbauer haben jedoch in den letzten beiden Jahrzehnten viel dazugelernt. Indem wir Ihnen diese Informationen zur Verfügung stellen, hoffen wir, dass wir mehr Farmer vom biologischen Anbau überzeugen können.

### Der Zertifizierungsprozess

Um eine Biozertifizierung zu erhalten, müssen die Farmer ein Gebiet auswählen, auf dem in den letzten drei Jahren vor

Beginn des Pflanzjahres keine chemischen Düngemittel, Herbizide, Insektizide oder andere synthetische Chemikalien ausgebracht wurden. Land, das „geruht" hat oder brach lag und einen hohen Anteil an organischer Substanz aufweist, ist häufig am besten geeignet. Land, das bereits biozertifiziert ist und für den biologischen Anbau anderer Produkte verwendet wird, könnte ebenfalls geeignet sein.

Es können individuelle Felder zertifiziert werden, solange angemessene Pufferzonen wie Wiesenstreifen zwischen den biologisch bestellten und den konventionell bestellten Feldern existieren. Der Farmer wird von Agronomen besucht, die ihm beratend zur Seite stehen, und ein Zertifizierungsprüfer besichtigt den Betrieb, um die ausgewiesenen Felder und die landwirtschaftlichen Produktionsmethoden vor der Biozertifizierung zu begutachten.

Robin Watson, Agrarwissenschaftler, North Carolina Department of Agriculture and Consumer Services (NCDA&CS), trifft sich mit Farmerin Jane Iseley zur Einsichtnahme in ihre Unterlagen an ihrem am Straßenrand aufgestellten Stand mit biologisch angebauten Produkten.

Der Zertifizierungsprozess nimmt in etwa drei Monate in Anspruch, und die Antragstellung kostet heute ungefähr 25 US-Dollar (nähere Einzelheiten zum Zertifizierungsprozess siehe Kapitel 9, Quellen für den biologisch arbeitenden Tabakanbauer–Abschnitt „Qualitätszertifizierungsdienste"). Die Farmer erhalten eine Liste zugelassener Nährstoffquellen sowie Unkraut-, Insekten-, Geiztrieb- und Krankheitsbekämpfungsmittel und -methoden.

Biologischer Tabakanbau fällt in den Geltungsbereich des National Organic Program des United States Department of Agriculture, USDA (siehe Kapitel 8). Sowohl der Vertragsfarmer als auch die Herstellungs- und Lagerräume müssen zertifiziert sein, um die Biokennzeichnung tragen zu können. Das Unternehmen führt auf den Tabakfeldern und in den Annahmestellen Kontrollen durch, um nachzuweisen, dass der Tabak keine Rückstände enthält.

Die Farmer müssen ihre Ernte aus biologischem Anbau von einem offiziellen Kontrolleur zertifizieren lassen. Außerdem prüft die SFNTC den Tabak in unseren Annahmestellen, um zu gewährleisten, dass er keine verbotenen Chemikalien enthält. Um biozertifiziert zu werden, müssen Tabakanbauer ein striktes, arbeitsaufwendiges Anbauprogramm befolgen. Dies erfordert eine Menge an detaillierter Dokumentation, um sicherzustellen, dass alles, was mit der Pflanze passiert, genau aufgeschrieben wird. So kann sich ein Kontrolleur ein klares Bild davon machen, was der Farmer zur Wahrung seiner Zertifizierung unternommen hat.

Da biozertifizierter Tabak ohne Verwendung der im Rahmen des National Organic Program des USDA verbotenen Pestizide und Düngemittel angebaut wird, muss Ausrüstung, die außerhalb der biologisch bestellten Felder verwendet wurde, sogar mit Druckwasser abgespritzt werden, damit keine Erde von einem Feld auf das andere gelangt.

„Als wir anfingen, Tabak biologisch anzubauen", sagt Farmer Billy Carter aus Eagle Springs, North Carolina, „hatten wir glücklicherweise ein paar Felder, auf denen wir konventionelle Langzeit-Fruchtfolge betrieben und auf die keine kommerziellen Düngemittel oder Pestizide aufgebracht worden waren. Als wir mehr Land biozertifizieren lassen wollten, mussten wir dafür sorgen, dass entlang der Wege und anderer Feldern sowie gemeinsamer Wasserquellen, die der Bewässerung dienten, die vorgeschriebenen „Puffer" vorhanden waren. Man muss darauf achten, dass die Ernte nicht verunreinigt wird. Du musst über alles Bescheid wissen, was um deine biologische Bewirtschaftung herum vor sich geht."

Während alle Farmer sich darüber einig sind, dass biologischer Anbau zusätzlichen Arbeitsaufwand erfordert, haben unsere Farmer verschiedene Ansichten über das Ausmaß an erforderlicher Mehrarbeit und den Schwierigkeitsgrad des Erwerbs und der Aufrechterhaltung der Biozertifizierung.

„Es ist ein Ganzjahresprozess", sagt Billy. „Ich führe ein Notizbuch über alle Aktivitäten, die ich bei einer biologisch angebauten Nutzpflanze durchführe. Dann übertrage ich diese in ein Logbuch, das wir führen müssen. Es bedeutet für mich sehr viel Aufwand, wenn man die geringe Größe der Ackerfläche bedenkt, um die es geht. Du musst über alles Bescheid wissen, was um deine Felder herum vorgeht, damit du einem Kontrolleur auch zeigen kannst, dass du deinen Teil der Abmachung eingehalten hast."

„Die Felder müssen mindestens drei Jahre lang vor dem Einpflanzen des Tabaks frei von verbotenen Chemikalien sein und müssen Puffergebiete zwischen sich und den herkömmlich bestellten Feldern aufweisen", sagt Billy, der auf seinen konventionell bestellten Feldern ungefähr 2.400 bis 2.500 Pfund und auf seinen biologisch bestellten Feldern ungefähr 2.000 Pfund Tabak pro 0,4 Hektar Fläche erzielt.

Als Randy und Allen Ball ihr Land für den biologischen Anbau von Tabak vorbereiteten, brauchten sie – wie sie sagten – hierfür keine besondere Ausrüstung, und es war nur die Mitarbeit der Familienangehörigen für den kleinen Betrieb erforderlich.

Farmer William Wyatt fand, dass die Absonderung von den konventionell angebauten Pflanzen und die detaillierten Aufzeichnungen über Anpflanzung, Bearbeitung und Aufbringung von Schutzmitteln sehr arbeitsaufwendig waren.

Über den Zertifizierungsprozess sagte Richard Ward aus Whiteville, North Carolina, dass die wichtigste Regel beim biologischen Anbau von Lebensmitteln sei, „dass keine verbotenen Chemikalien in Berührung mit dem Produkt kommen dürfen." Ausrüstung und Geräte, sagt er, „müssen mit Druckwasser von jeglichem Schmutz konventionell bestellter Felder gereinigt werden, und es dürfen keinerlei verbotene Pestizide verwendet werden." Sogar die Hühner, die den Mist produzieren, müssen mit biologisch angebautem Getreide gefüttert werden. „Es ist letztendlich dieselbe Pflanze, man darf bloß keine verbotenen Chemikalien verwenden."

**Biologische Anzucht von Tabaksetzlingen**

Qualitätssetzlinge sind für die biologische Produktion von Tabak wichtig. Setzlinge, die den biologischen Standards genügen, können in einem Gewächshaus oder Pflanzbeet angebaut werden. Die Agrarwissenschaftler der SFNTC und andere externe Quellen (siehe Kapitel 9, Quellen für den biologisch arbeitenden Tabakanbauer) können den Farmern bei der Auswahl der für ihre speziellen Anbau- und Marktbedingungen am besten geeigneten Sorte Unterstützung bieten.

Die Farmer sind auf krankheitsresistente Sorten und auf Fruchtfolge als die besten Abwehrmethoden angewiesen, da es keine biologischen Bekämpfungsmittel für Krankheiten wie Tabakblauschimmel, Stängelgrundfäule und Granville-Welkekrankheit gibt. Sorgfältige Bewirtschaftung unter Einhaltung von Hygienevorschriften, Bekämpfung von Unkraut und Einsatz von Naturdünger trägt von Anfang an zur Aufzucht gesunder, krankheitsfreier Setzlinge bei.

Farmer Billy Carter und Agrarwissenschaftler David Dycus, NCDA&CS (im Vordergrund) inspizieren biologisch angebaute Tabaksetzlinge in Gewächshaus-Saatkisten.

**Wann müssen die Setzlinge gepflanzt werden?**

Auf seiner biologisch bewirtschafteten Farm in South Carolina pflanzte Ben Williamson (jetzt im Ruhestand) seine

Setzlinge in der ersten oder zweiten Aprilwoche auf das Feld um. Dafür benutzte er einen einreihigen Umsetzer auf einem geackerten Feld. Im Gegensatz dazu beginnt man in der oberen Piedmont-Region von North Carolina nicht vor Mitte Mai mit dem Umpflanzen.

Landarbeiter pflanzen Tabaksetzlinge um.

**Wo kann man Setzlinge erwerben?**

Tabakanbauer Billy Carter aus Eagle Springs, North Carolina, produziert in seinem Gewächshaus seine eigenen Setzlinge. Die Vorschriften zum biologischen Anbau verlangen, dass die verwendeten Setzlinge mit Naturdünger gezogen werden. Dieser ist nicht leicht zu finden, und so begann Carter mit Unterstützung des North Carolina Department of Agriculture & Consumer Services (NCDA&CS), Experimente durchzuführen.

Tabaksetzlinge, die sehr klein sind, werden manchmal zur leichteren Handhabung mit Naturton beschichtet.

Tabak- und auch Gemüsesetzlinge werden in so genannter „schwimmender Anzucht" gezogen, bei der die Setzlinge in Styroporschalen stehen, die auf einer Nährlösung schwimmen. Während kommerziell hergestellte Düngemittel aufgrund ihrer Wasserlöslichkeit und auch, weil sie Pumpen nicht verstopfen, ideal für die schwimmende Anzucht sind, besitzen biologische Dünger diese Eigenschaften nicht, und ihre Verwendung bei schwimmender Anzucht ist bisher noch relativ unerforscht. Nachdem er verschiedene Alternativen untersucht hatte, wählte Carter zwei aus, die er mit schwimmender Anzucht ausprobieren wollte: Guano von Seevögeln und Guano von Fledermäusen. Damals kontaktierte er den Agrarwissenschaftler David Dycus vom NCDA&CS, der ihm bei der Bewertung dieser Dünger helfen sollte.

Nach Prüfung des Nährstoffgehalts beider Produkte ging aus den Berechnungen hervor, dass dreimal soviel Fledermausguano wie Seevogelguano nötig ist, damit die Setzlinge ausreichend

Stickstoff erhalten. Außerdem ist Fledermausguano doppelt so teuer wie das Seevogelprodukt. Mit Fortdauer des Experiments stellte sich jedoch ein Alkalinitätsproblem heraus – gefährlich hohe Stickstoffwerte, die dazu führten, dass die Wurzeln der Pflanzen nicht in der Lösung wachsen konnten, ohne verbrannt zu werden. Carter fand jedoch bald danach heraus, dass die Pflanzen mit Fledermausguano gut auswurzelten. Dank dieser Analyse gelang es ihm, im darauffolgenden Jahr feldbereite, für den biologischen Anbau geeignete Setzlinge zu ziehen.

Einige Farmer verwenden Seevogelguano in einer Lösung als Naturdünger für ihre biologisch aufgezogenen Setzlinge.

Bei der biologischen Aufzucht von Setzlingen streben Farmer danach, gut gekeimte, einheitliche Pflanzen zu ziehen, die ordnungsgemäß pikiert wurden.

Folgende vier zählen zu den guten Sorten für den biologischen Anbau geeigneter Samen: Gold Leaf Seed, Richard Seed, Workman Seed und Cross Creek Seed.

Farmerin Jane Iseley – sie baut Tabak biologisch an – mit ihren Erdbeersetzlingen.

## Vorbereitung des Bodens und biologische Düngung des Tabaks

Alles beginnt mit dem Boden. Farmer, die biologisch anpflanzen, sind abhängig vom Boden. Je gesünder der Boden, desto besser kann man erfolgreich Nutzpflanzen ziehen. Egal, ob es sich um Tabak, Obst oder Gemüse handelt. Biologisch wirtschaftende Farmer investieren viel Arbeit in die Schaffung eines gesunden Bodens – und danach in die Gesunderhaltung des Bodens.

Diese Farmer benutzen biologischen Kompost aus wiederverwerteten Pflanzenteilen und Abfällen. Wenn Kuh- oder Hühnermist und Essensabfälle bzw.-reste kompostiert werden, zersetzen und verdauen Mikroorganismen (Bakterien) und Tiere wie Regenwürmer die rohen Bestandteile des Abfalls. Diese Stoffwechselaktivität erzeugt Temperaturen von 55 °C – 65 °C, die wiederum alle krankheitserregenden Bakterien und Unkrautsamen abtöten.

**Natürliche Mineralstoffe**

Die Vorbereitung eines guten Saatbetts ist der Schlüssel zum Anbau von Tabak.

Biologisch arbeitende Farmer fügen manchmal natürliche Mineralstoffe hinzu, die die Bodenbeschaffenheit und den pH-Wert verbessern helfen. Wenn der Farmer den pH-Wert des Bodens senken (den Boden saurer machen) muss, kann natürlicher Schwefel hinzugegeben werden. Um den pH-Wert des Bodens zu heben (den Boden alkalischer zu machen), kann man Kalkpulver hinzugeben. Für die meisten Gemüsearten liegt der optimale pH-Bereich zwischen 6,0 und 7,0.

Dem zur biologischen schwimmenden Aufzucht von Tabak verwendeten Wasser kann Zitronensäure zugesetzt werden.

Während des Verpflanzens geben Farmern dem Wasser häufig Fischemulsion hinzu. Um eine maximale Pflanzenpopulation zu erreichen, wird ein Pflanzpflock verwendet.

Zur Bestimmung der genauen Mengen an Nährstoffen, die für die Aufzucht von biologisch angebautem Tabak höchster Qualität der Erde zugeführt werden müssen, greifen Farmer auf Bodenproben zurück. Die Grundprinzipien des Düngens sind die fünf „R":

Füge die richtigen Nährstoffe hinzu,
im richtigen Verhältnis,
zur richtigen Zeit,
am richtigen Ort und
zu den richtigen Kosten.

Burley-Anbauer Chris Korrow aus Kentucky sagt, der Schlüssel zum erfolgreichen Anbau eines Produkts sei, die Nährstoffe in seiner Gebirgserde auf den richtigen Werten zu halten. Dies erreicht er zum Teil, indem er den Anteil an organischem Material im Boden erheblich erhöht. Deswegen verwendet er Kompost. Er setzt auch zwei Zwischenfrüchte ein – Buchweizen und Steinklee. Der Fruchtfolge kommt beim biologischen Anbau von Tabak eine besondere Bedeutung zu.

Mehr zum Thema Fruchtfolge in einem der folgenden Abschnitte, aber hier noch eine Anmerkung: Korrow pflanzt Knoblauch (ebenfalls biologisch) im jährlichen Wechsel mit Tabak an. Bakterien und Pilze spielen ebenfalls eine wichtige Rolle dabei, Nährstoffe im Boden zu halten, was zu besserer Bodenentwässerung und Bodenbelüftung führt und den Tabakpflanzen hilft, Trockenheit besser zu überstehen. Der für biologisch angebauten Burley erforderliche Stickstoff kann aus einer Reihe von Quellen geschöpft werden – eine davon ist kompostierter Mist.

Feldproben in einem Tabakfeld durch das North Carolina Department of Agriculture and Consumer Services.

Um Tabak erfolgreich biologisch, ohne die Verwendung verbotener chemischer Düngemitteln und Pestizide, ziehen zu können, halten sich die Farmer an das erprobte SFNTC-Programm alternativer Düngetechniken und Schädlingsbekämpfungsmethoden. Die Entwicklung und Realisierung eines gewissenhaften Bodenaufbauprogramms verbessert das organische Material und fördert die optimale Bodengesundheit. Wie bereits erwähnt, müssen Bodentests durchgeführt und Kalk hinzugefügt werden, um das richtige pH-Gleichgewicht im Boden zu erzielen. Es gibt gute natürliche Quellen an Kali, Phosphor und Kalk. Kompostierter Geflügelmist, Fisch- und Blutmehl sind hervorragende Stickstoffquellen. Blutmehl und Fischmehl eignen sich gut für die Reihendüngung. Was die Mineralien anbelangt, werden natürliche Phosphate, Kali, Knochenmehl oder Meeresalgenextrakte verwendet.

Zur Anhebung der Stickstoffwerte nach dem Verpflanzen gab Farmer Ben Williamson aus South Carolina zu jeder einzelnen Pflanze einen Teelöffel Blutmehl hinzu. „Diese Methode hat auch Hirsche von den Tabakpflanzen ferngehalten", sagte er. Williamson erklärte, dass Hirsche sein größtes Problem seien. „Manchmal bissen die Hirsche die Tabakpflanzen einfach ab, und dann wieder zogen sie die Pflanzen aus dem Boden und ließen sie auf der Erde liegen. In einem Jahr haben wir sogar Wattebällchen mit Kojotenurin getränkt und im ganzen Feld verteilt. In Verbindung mit Blutmehl war diese Methode sehr effektiv."

Die Ball-Brüder setzten biologischen Dünger ein, wie zum Beispiel Fisch- und Knochenmehl. Dies war das Ergebnis einer Zusammenarbeit mit dem North Carolina Department of Agriculture an einem dreijährigen Praxistest, der Düngemittelansprüche von biologisch angebautem Tabak zum Inhalt hatte. Die Ball-Brüder und viele andere Farmer hatten angenommen, dass biologischer Dünger mehrere Wochen vor dem Einpflanzen aufgebracht werden müsste, damit das Material genügend Zeit haben würde, sich zu zersetzen und Stickstoff freizusetzen. Die Untersuchungen zeigten jedoch, dass, wenn die Farmer den Dünger im März ausbrachten, ein Großteil des Stickstoffs bereits verschwunden war, wenn die Pflanzen im Mai eingepflanzt wurden.

**Die beste Zeit zum Aufbringen von biologischem Dünger**

Es wurden bisher gute Ergebnisse erzielt, wenn der biologische Dünger ungefähr zwei Wochen vor dem Pflanzen aufgebracht wurde. Die anhand der vorerwähnten Studie ausgearbeiteten Leitlinien helfen den Tabakanbauern, zu entscheiden, wie viel Dünger vor dem Einpflanzen aufzubringen ist und wie viel Dünger zu einem späteren Zeitpunkt als Reihendüngung hinzugefügt werden soll.

Als Farmerin Jane Iseley aus Alamance Country, North Carolina, mit dem biologischen Anbau von Tabak begann, gab es keine Leitlinien zur Düngung. Sie machte sich Pflanzengewebeanalysen und die Beratung des in der regionalen Abteilung des North Carolina Department of Agriculture beschäftigten Agrarwissenschaftlers zunutze. Beim biologischen Anbau von Tabak spielen Gewebeanalysen zwei wichtige Rollen: Sie ermöglichen dem Farmer nicht nur eine präzisere Düngung, sondern auch eine zeitgenauere Ernte. Iseley und andere Farmer stellten fest, dass biologischer Dünger dreimal so teuer wie konventioneller Dünger ist. „Durch die Verwendung von Gewebeanalysen zur Anpassung der Düngemengen konnte ich ebenfalls Qualitätsblätter produzieren", sagte Iseley. „Ohne diese hätte ich eine Woche früher geerntet."

Farmer Lane Mize aus Granville County, North Carolina, gesteht ein, dass aufgrund der begrenzten Düngung sein biologisch angebauter Tabak nicht so belaubt oder robust aussieht wie sein konventionell angebauter Tabak, der am gleichen Tag auf einem nahe gelegenen Feld gepflanzt wurde. Er schreibt diesen Unterschied der Tatsache zu, dass der um die biologisch aufgezogenen Pflanzen herum aufgetragene Hühnermist langsamer im Boden freigesetzt wird als das Ammoniumnitrat, das beim konventionell angebauten Tabak Anwendung findet. „Mein biologisch angebauter Tabak hinkt zwei Wochen nach", sagt Mize, „aber das stört mich nicht, da ich sowieso nicht meine ganzen Felder gleichzeitig abernten kann."

Farmer Stanley Hughes aus Orange Country, North Carolina, sagt, der auf seinen biologisch bestellten Feldern angewendete Dünger bestehe aus Naturmischungen von getrocknetem Knochenmehl und Hühnerstreu sowie Seevogelguano.

Ray Watkins (hier in einem frühen Foto mit seiner Familie) hat zur Verbesserung des Nährstoffgehalts des Bodens Kalk, gesackte Hühnerstreu und andere zugelassene Materialien eingesetzt.

Ray Watkins, ein Farmer aus der Nähe von Oxford in Granville County, North Carolina, kalkte anfänglich seine Felder, um den Aufbau von Nährstoffen im Boden zu unterstützen. Er brachte außerdem gesackte Hühnerstreu als Hauptstickstoffquelle auf. Für zusätzlichen Stickstoff nach dem Verpflanzen gibt er einen Teelöffel Blutmehl zu jeder Pflanze hinzu. Er nutzt Sul-Po-Mag und Knochenmehl als Kali- und Kaliumquellen. Ray erklärte, dass es einen drastischen Unterschied in der Düngung seiner biologisch angebauten Pflanzen und seines konventionell angebauten Tabaks gebe. Weiterhin hat er Sonnenblumen als „Puffer" zwischen seinen biologisch und chemisch behandelten Pflanzen angepflanzt.

**Unkrautbekämpfung**

Unkrautbekämpfung ist eine große Herausforderung für den biologischen Anbau von sowohl heißluftgetrocknetem Tabak als auch von Burley-Tabak.

Erfolgreiche Unkrautbekämpfung muss durch Bodenbearbeitung erreicht werden, da bei der biologischen Produktion keine verbotenen Herbizide zulässig sind. Mehrere Bearbeitungen zu verschiedenen Zeiten und das Umhacken per Hand helfen dabei, das Unkraut während der kritischen Wachstumsphase in Schach zu halten. Flache Bodenbearbeitung trägt zur Belüftung bei und stellt ein hohes, breites Saatbett wieder her.

Ray Watkins' Vater bearbeitet zur Unkrautbekämpfung den Boden.

Unkraut wurde auch auf Ben Williamsons Farm durch Bodenbearbeitung unter Kontrolle gehalten. Nach dem ersten Regen, in der Regel eine Woche bis zehn Tage nach dem Verpflanzen der Setzlinge, setzte er eine Rollhacke ein. Danach hackten Arbeiter einmal gründlich um die Pflanzen herum. Je nach Bedarf betrieb er dann das weniger intensive Unkrautziehen: Das Unkraut fiel einer Rollhacke und dem regelmäßigen Hacken von Hand zum Opfer. Eine dichte Laubfläche über den Pflanzenreihen hält das Sonnenlicht vom Unkraut fern und ist deshalb eine weitere gute Methode der Unkrautbekämpfung.

Wenn Williamson auf einem seiner brachliegenden Felder ein Unkrautproblem hatte, pflanzte er Sommerhirse oder eine andere „erstickende" Zwischenfrucht an. „Auf diese Weise lässt sich Zyperngras oder Bermudagras effektiv in Schach halten", berichtet er.

Erfolgreiche Farmer nutzen Zwischenfrüchte soviel wie möglich. Pflanzen wie Sonnenblumen und Studentenblumen ziehen nützliche Raubinsekten an, die sich von Schädlingen ernähren. Typische Zwischenfrüchte, die angebaut und dann untergeackert werden, sind unter anderem Erbsen, Ackerbohnen und Saat-Platterbsen. Diese Zwischenfrüchte leiten dem Boden Nährstoffe wie Stickstoff und organisches Material zu.

„Da wir keine verbotenen Herbizide einsetzen können", sagt Billy Carter „müssen wir gleich von Anfang an viele bodenbearbeitende Maßnahmen durchführen. Das dauert seine Zeit, aber auf einer kleinen Farm ist das nicht allzu schlimm."

Der biologische Anbau von Tabak erfordert mehr Handarbeit als konventioneller Anbau, wie Tommy Winston (Mitte) und zwei seiner Arbeiter bestätigen können.

Stanley Hughes sagt: „Beim konventionellen Tabakanbau kann man seinen Traktor nehmen und einfach lossprühen. Ich könnte wahrscheinlich vier Hektar sprühen, vielleicht ein- bis zweimal so viel wie wir jetzt auf unseren biologisch bestellten Feldern mit zugelassenen Materialien schaffen. Wenn im konventionell angebauten Tabak Unkraut wächst, kann man Herbizide einsetzen, um das Umhacken von Hand zu vermeiden, bei biologisch angebautem Tabak jedoch muss man in das Hacken mehr Arbeitskraft investieren."

Burley-Anbauer Chris Karrow bekämpft Unkraut und Gras mit Buchweizen als Zwischenfrucht und mit Mist. Er findet, dass dies die Bearbeitung und das Umhacken erleichtert.

Für Ray Watkins bedeutet ein Anbau ohne verbotene Materialien, dass er zur Unkrautbekämpfung auf seinen biologisch bestellten Feldern mehrmals den Boden von seinen (ausländischen) Saisonarbeitern (mit einem H-2A-Visum) bearbeiten und umhacken lässt. „Ich habe geplant, eine Menge Arbeit in meinen biologisch angebauten Tabak zu stecken", sagt er.

*Besonderer Hinweis: Die Nutzung von Laubflächen über den Pflanzenreihen zur Abtötung von Unkraut ist ebenfalls eine effektive Methode.*

## Insektenbekämpfung

Neben Unkraut sind Insekten für biologisch arbeitende Farmer die größten Schädlinge.

Der Schutz der Blätter vom Gewächshaus bis zum Warenhaus ist für die Gewährleistung einer optimalen Qualität unerlässlich. Neben biozertifizierten Produkten ist das Anpflanzen von Begleitpflanzen, die viele Nutzinsekten und Vögel anlocken und für diese günstige Bedingungen schaffen, zur Insektenbekämpfung nützlich. In der Nähe der Tabakpflanzen wachsende Sonnenblumen helfen bei der Bekämpfung von Blattläusen, ebenso wie der Einsatz von biologischen insektenvernichtenden Seifen. Knospenwickler werden bekämpft, indem man eine Prise Bacillus-thuringiensis-(Bt-)-Köder (ein natürlich vorkommendes Pestizid) in jede Knospe legt.

Farmer im biologischen Anbau sind sehr zufrieden mit dem Grad an Schädlingskontrolle, den sie durch Nutzinsekten wie Grabwespen, Florfliegen und Marienkäfer erzielen. Vögel sind ebenfalls Freunde des Farmers: Sie vernichten bis zu fünf Zentimeter lange Tabakschwärmer. Viele Tabakanbauer mussten erst lernen, dass sterile Felder ohne jegliche Schädlinge oder Räuber eine teure Bürde sein können. Die Aufrechterhaltung eines guten Gleichgewichts zwischen Schädling und Räuber führt zu erheblichen Geldeinsparungen.

Laut Ben Williamson ist Blattlausbefall bei konventionell angebautem Tabak häufiger.

Ben Williamson pflanzte zur Bekämpfung von Blattläusen Sonnenblumen neben seinem Tabak an. Anstatt Sonnenblumen nur um die Feldränder herum zu pflanzen, pflanzte Williamson zwei Reihen Tabak, reservierte eine Reihe zum Wenden der Ausrüstung, dann folgten weitere vier Reihen Tabak, eine weitere Reihe für die Ausrüstung, zwei Reihen Tabak und dann vier Reihen Sonnenblumen. Er wiederholte dieses Muster so lange, bis die erforderliche Ackerfläche mit Tabak bepflanzt war.

Als der Tabak Kniehöhe erreichte, waren die früh im März gepflanzten Sonnenblumen genauso hoch wie der Tabak. Die Sonnenblumen lockten Marienkäfer an, die wiederum die Blattläuse auf den Tabakpflanzen fraßen. „Blattläuse scheinen biologisch angebaute Pflanzen ziemlich in Ruhe zu lassen", sagte Williamson. „Ich hatte einmal über drei Jahre hinweg einen wahnsinnig hohen Blattlausbefall. Während die Blattläuse meinen konventionell angebauten Tabak erheblich schädigten, hielten sie sich nicht lange im biologisch angebauten auf und fügten diesem nur geringen Schaden zu."

Williamson stellte fest, dass Wespen Tabakschwärmer effektiv bekämpfen. Also setzte er zwei Arten von Wespen in seinem Tabak ein. „Die Feldwespe ist ein großer Tabakfreund. Sie legt ihre Eier auf die Tabakschwärmer, spinnt Kokons um diese herum und ernährt sich von den Schwärmern. Der Schwärmer hört auf zu fressen und stirbt, wenn die Wespenlarve auf seinem Rücken ist. Gemeine Wespen und Zehrwespen (das sind die, die stechen) fühlen sich ebenfalls von biologisch angebautem Tabak angezogen. Ich habe Wespen gesehen, die bis zu fünf Zentimeter lange Tabakschwärmer davongetragen haben."

Wenn die natürlichen Räuber den Schädling nicht ausrotten, können die Farmer Bt-Köder einsetzen oder die Schwärmer durch Sprühen bekämpfen. Außerdem helfen Vögel bei der Bekämpfung der Tabakschwärmerpopulation. Im August produzieren die Sonnenblumen dann Samen und locken Vögel an. Die Tabakschwärmer sind für diese eine zusätzliche Belohnung. Williamson fand heraus, dass Spottdrosseln, rote Spottdrosseln und Azurbischöfe bei der biologischen Produktion von Tabak sehr nützlich sind.

Marienkäfer werden zu den Tabakpflanzen gelockt, wenn in der Nähe Sonnenblumen wachsen – und die Marienkäfer lassen sich die Blattläuse schmecken.

Nematodenpopulationen (Nematoden sind winzige, unterirdische Schädlinge) werden durch den Einsatz von Saat-Platterbsen reduziert, da diese kein Wirt für die Nematoden sind. Williamson hat zur Bekämpfung von Unkraut, das für Nematoden als Wirt dient, manchmal auch schon Wintererbsen angebaut. Ich habe bisher nie große Probleme mit Krankheiten gehabt, die man normalerweise in einem konventionell bestellten Tabakfeld findet", sagte Williamson. So hat Tabakblauschimmel zum Beispiel nie Williamsons biologisch angebauten Tabak befallen. Er hatte aber gelegentlich Probleme mit der Mosaikkrankheit. In diesen Fällen stellte er die Pflanzen unter Quarantäne und entfernte ihre Geiztriebe nicht. Auch durch Pythium-Wurzelfäule und Stängelgrundfäule hat er nur einen einprozentigen Verlust erlitten.

Billy Carter, der 17 Hektar Tabak biologisch und 80 Hektar nach PRC-Richtlinien anbaut, weiß, dass Blattläuse oder Krankheiten wie Tabakblauschimmel oder Stängelgrundfäule schnell eine ganze Ernte vernichten können.

„Bei biologisch angebautem Tabak können an sich unbedeutende Sachen vollkommen außer Kontrolle geraten, und man kann seine ganze Ernte 100-mal schneller verlieren als bei konventionellem Anbau", sagt Carter. „Wenn ein Problem auftritt, kann es schwere Folgen haben, da einem nicht das ganze Arsenal zu dessen Bekämpfung zur Verfügung steht."

Anstatt verbotene Pestizide einzusetzen, pflanzt Carter zum Anlocken von Marienkäfern Sonnenblumen auf seine Tabakfelder. Die Marienkäfer ernähren sich von Blattläusen, die „das Leben aus den Tabakpflanzen saugen", wie er sagt. Zur Raupenbekämpfung verwendet Carter das natürlich vorkommende Pestizid Bt.

Die Ball-Brüder mussten Schwärmer per Hand bekämpfen, indem sie Sojaöl auf die Verbindungsstelle von Blatt und Stengel auftrugen. Aber Schädlingsbekämpfung war in ihrer ersten Anbausaison kein ernsthaftes Problem. Wie so viele andere pflanzten die Brüder Sonnenblumen um ihre Tabakfelder – zur Bekämpfung von Blattläusen, die für sie am Beginn der Saison besonders lästig waren.

Farmer Ralph Tuck aus Virginia zufolge müssen die Sonnenblumen früher angepflanzt werden, da diese 60 bis 75 Tage bis zur Blüte benötigen. Buchweizen kann später angepflanzt werden, da dieser innerhalb von 30 Tagen Blüten trägt. Zur Bekämpfung von Schwärmern verwendet Tuck auch „Dipel", ein Bt-Produkt, das für den Gebrauch beim biologischen Tabakanbau zugelassen ist.

Zu Blattläusen sagt Ralph, dass diese die unteren Blätter schädigen. „Der Blattlauskot ist es, der auf die unteren Blätter fällt und den Tabak zerstört."

**Bewässerung von biologisch angebautem Tabak**

Bei trockenem Wetter können biologisch arbeitende Farmer ihren Tabak bewässern, vorausgesetzt natürlich, dass das Wasser keinerlei verbotene chemische Rückstände enthält.

Bewässerung der Felder.

## Köpfen und Geizen von Tabakpflanzen im biologischen Anbau

Da beim biologischen Tabakanbau der Gebrauch von chemischen Mitteln zur Bekämpfung von Geiztrieben nicht erlaubt ist, stellen das Köpfen und die Geiztriebentfernung die zeitaufwendigsten Aufgaben dar; diesen Tätigkeiten kommt jedoch beim biologischen Anbau von Tabak eine große Bedeutung zu.

Durch das Geizen soll sichergestellt werden, dass die Energie der Pflanzen nicht für die Ausbildung von Blüten, sondern für die Entfaltung der Blätter aufgewandt wird. Da Tabak nach Gewicht verkauft wird, bedeutet mehr Gewicht mehr Geld.

Geiztriebe – Zweige, die eine Tabakpflanze häufig austreibt und die die Energie aus den zur Ernte bestimmten Blättern absorbieren – werden in der konventionellen Landwirtschaft normalerweise mit einer Chemikalie behandelt, die den Geiztrieb verbrennt, sobald er zu wachsen beginnt. Sie wird von einem Traktor aus aufgesprüht. Auf einem biologisch bestellten Feld tropft der Farmer Speiseöl auf Geiztriebzweige. Das Öl hat die gleiche Wirkung wie die Chemikalie, muss jedoch von Hand bei jeder Pflanze einzeln aufgetragen werden, da es nur schlecht mit einem Sprüher verteilt werden kann.

Zur Wachstumsförderung köpft Billy Carter die oberste Blüte seiner biologisch angebauten Tabakpflanzen von Hand.

Frühzeitiges Köpfen zur Ertrags- und Qualitätsverbesserung wird normalerweise von Hand durchgeführt. Geiztriebe können von Hand entfernt werden und ihr Wachstum kann gehemmt werden, indem man vorsichtig auf die Spitze der Pflanze zugelassenes Sojaöl oder Mineralöl aufbringt. Um eine gute Wirkung zu erzielen, muss der Farmer sicherstellen, dass das Öl am Stängel nach unten und in jede Blattachsel läuft.

„Das Köpfen und das Geizen sind beim biologischen Anbau von Tabak die zeitaufwendigsten Aufgaben", sagte Ben Williamson. „Wir haben dies zehn Wochen lang jede Woche getan, und pro Hektar brauchten wir mehr als zwei Personen dafür." Normalerweise hat Williamson seine Pflanzen nie Blüten ansetzen lassen, stattdessen köpften die Arbeiter die Pflanzen nach dem 15. Blatt. Er entfernte dann die Geiztriebe von der ganzen Pflanze und ließ nur einen Geiztrieb an der Spitze weiterwachsen, der wiederum acht bis zehn Blätter produzierte, bevor er geköpft wurde.

Obwohl sich die Bedenken der Ball-Brüder hinsichtlich der Insektenbekämpfung ohne Insektizide und der Unkrautbekämpfung ohne Herbizide als unbegründet erwiesen, empfanden sie die Bekämpfung von Geiztrieben als eine Herausforderung. „Wir kippten (von Hand) Mineralöl auf sie, und das half bei der Unterdrückung der Geiztriebe, trotzdem mussten die meisten in Handarbeit entfernt werden", sagt Randy Ball. Die Balls und andere Farmer entdeckten, dass es vorteilhaft ist, die Geiztriebe zu bekämpfen, solange diese noch klein sind. „Wenn man sie fernhalten kann, solange sie noch klein sind, ist Geiztriebbekämpfung viel einfacher", sagt Randy Ball. Die Balls führten das erste Köpfen und Geizen von Hand durch. Danach gossen sie Pflanzenöl aus Vier-Liter-Flaschen über jede Pflanze und ließen das Öl in jede einzelne Blattachsel bis ganz hinunter zum Boden laufen. Das Pflanzenöl funktionierte laut Randy Ball wie ein Kontaktbekämpfungsmittel gegen Geiztriebe.

„Wir benutzten entweder Pflanzenöl oder Mineralöl. Beide leisteten bei der Geiztriebbekämpfung gute Arbeit."

Der junge Eric Ball geizt die Pflanze aus, ebenfalls von Hand.

Ralph Tuck köpft seine Pflanzen früh, weil Blattläuse gewöhnlich den Tabak kaum befallen, nachdem dieser geköpft wurde. Er empfiehlt weiterhin „zu bewässern und so schnell wie möglich zu köpfen, weil zwischen Ruhe und Köpfen nur ein kleines Zeitfenster besteht." Zusätzlich zum zeitigen Köpfen pflanzt Ralph seinen Tabak nicht in unmittelbarer Nähe zu Wäldern an, um die Insektenpopulationen fernzuhalten. „Er wirkt wie ein Magnet auf sie", sagt er. Er stellt außerdem fest, dass kleinere Felder mehr Blattläuse anzuziehen scheinen. Auf größeren, offenen Feldern sei die Luftzirkulation besser und er habe auf diesen Feldern weniger Insekten gesehen.

Stanley Hughes trägt zur Vermeidung der Blütenbildung auf die Spitzen der Pflanzen eine Mischung aus Sojaöl und Mineralöl auf. Stanley schätzt, dass man pro Hektar 45 Stunden mit der Entfernung von Geiztrieben verbringt.

Billy Carter erzählt, wie er in einem örtlichen Discounter Vier-Liter-Flaschen mit Sojaöl kauft. Da er direkt von einem Händler kauft, ist dies das gleiche Sojaöl, das sonst zu Hause in der Küche verwendet wird.

**Behandlung von Pflanzenkrankheiten**

Machen wir uns nichts vor. Pflanzenkrankheiten sind für den biologisch arbeitenden Farmer nur schwer zu bekämpfen.

Da nur wenige zugelassene Krankheitsbekämpfungsmittel für die biologische Tabakproduktion zur Verfügung stehen, besteht die Herausforderung darin, sortenreine und resistente Pflanzen effektiv einzusetzen, richtige Fruchtfolge zu betreiben und einwandfreie Hygieneverfahren anzuwenden, um Krankheiten gar nicht erst aufkommen zu lassen.

Es gibt keine bekannten biologischen Mittel zur Bekämpfung von Tabakblauschimmel, Stängelgrundfäule und Granville-Welkekrankheit.

Farmer Billy Carter sagt, dass ein mit konventionellen Methoden arbeitender Farmer relativ einfach mit vielen verbreiteten Tabakkrankheiten fertig werden kann, ein biologisch arbeitender Farmer jedoch nicht viel gegen diese in der Hand hat. „Wenn einmal Krankheiten wie Stängelgrundfäule oder Granville-Welkekrankheit bei der biologischen Produktion von Tabak auftauchen, gibt es keinen Ausweg. Man verliert im Wesentlichen seine gesamte Ernte", sagt er.

Und das macht die genaue Beachtung der biologischen Anbauverfahren umso wichtiger.

Chris Karrow aus Kentucky, der Burley-Tabak biologisch anbaut, sagt, dass gesunder Boden bei der Bekämpfung von Stängelgrundfäule und anderen Krankheiten hilft. Fruchtfolge passt gut in das bodenverbessernde Konzept des biologischen Anbaus, und demzufolge neigen erfolgreiche Biofarmer dazu, auf diesem Gebiet recht erfinderisch zu sein. Und die Fruchtfolge dauert einfach so lange wie notwendig. „Wir hatten ein Feld mit Stängelgrundfäule, also pflanzten wir dort fünf Jahre lang keinen Tabak an", sagt Karrow. „Dies scheint das Problem behoben zu haben."

Burley-Anbauer Roger Smith meint, dass die Samenarten TN-90 und TN-997 aufgrund ihrer Krankheitsresistenz beim biologischen Anbau beliebt sind.

Für Farmer Ralph Tuck aus Virginia ist die Antwort auf diese potenziell schwierige Situation recht einfach: „Krankheitsbekämpfung bedeutet den Einsatz von resistenten Arten und das Betreiben von Fruchtfolge."

**Ernte von biologisch angebautem Tabak**

Biologisch angebauter Tabak wird häufig per Hand geerntet. Während einige Arbeiter die unteren vier Blätter ernten, beschneiden andere weiterhin die Spitzen und bekämpfen die Geiztriebe der Pflanzen. Die Mehrzahl der Farmer bringt je nach Kapazität des Trockenschuppens und abhängig vom Wetter drei oder mehr Ernten ein. Zur Erntezeit sind weder auf dem Feld noch im Trockenschuppen Nachreifmittel zur Fermentierung des Tabaks erlaubt.

Ben Williamson aus South Carolina, der seinen ganzen Tabak von Hand erntete, sagt: „Wir ernteten drei bis fünf Blätter auf einmal und machten fünf oder sechs Durchgänge quer durch das Feld."

Auf Ben Williamsons Farm wurde biologisch angebauter Tabak manuell geerntet und auf einzelne Trockengerüste gelegt.

Wie alle seine biologischen Anbau betreibenden Farmerkollegen ist Ray Watkins aus North Carolina sehr darauf bedacht, dass seine Arbeiter die Blätter aus biologischem Anbau getrennt aufbewahren. Rays geerntete Blätter werden in eigenen Tabakschuppen, getrennt von seinem konventionell angebauten Tabak, getrocknet.

## Trocknung von biologisch angebautem Tabak

Obwohl Qualitätstabak auf dem Feld entsteht, kann die Qualität während der Trocknung entweder erhalten bleiben oder verloren gehen. Das heißt, die Überwachung von relativer Luftfeuchtigkeit und Temperatur ist während des Trocknungsprozesses unbedingt erforderlich. Dies gilt sowohl für biologisch als auch für konventionell gezogenen Tabak.

Der Unterschied besteht darin, dass biologisch angebauter Tabak getrennt von konventionell angebautem aufbewahrt werden muss und die biologischen Bereiche deutlich auszuschildern sind. Ein Farmer muss also sicherstellen, dass eine verantwortungsbewusste Person den Tabakverkehr in und aus dem Trockenschuppen überwacht. Genaue Aufzeichnungen sind hier unerlässlich!

Es gibt verschiedene Methoden zur Trocknung des Tabaks. Bei heißluftgetrocknetem Tabak werden die Blätter zur Trocknung auf Gestelle gelegt. Im Trockenschuppen wird erhitzte Luft durch den Tabak geleitet, was zunächst zur Vergilbung und dann zur Trocknung der Blätter und Stängel führt. Die Anfangstemperatur zur Vergilbung der Blätter beträgt 35 °C – 38 °C und wird dann schrittweise auf 73 °C – 77 °C erhöht. Die Belüftung ist Teil des Trocknungsprozesses und wird je nach Bedarf variiert, um bei gleichzeitigem Erhalt der Tabakqualität Feuchtigkeit zu entfernen. Es dauert fünf bis sieben Tage, einen Schuppen voller Tabak zu trocknen.

Ben Williamson führte jahrelang die Trocknung so durch, dass er einen mit Holz befeuerten Kessel zur Erhitzung von Wasser benutzte, das dann durch die Schuppen mit den Gestellen geleitet wurde. Erst in den letzten beiden Jahren seiner Tätigkeit als Farmer ist er zu Flüssiggas übergegangen.

Neben heißluftgetrocknetem Tabak baut Billy Carter auf seiner Farm in North Carolina auch Burley-Tabak an, den er dann auf die für Burley herkömmliche Art naturtrocknet.

Burley-Tabak wird ganz anders als der sonst in North and South Carolina, Virginia und anderen angrenzenden US-Bundesstaaten angebaute Tabak getrocknet. Burley wird naturgetrocknet, das heißt, er wird in unbeheizten Schuppen aufgehängt und über einen Zeitraum von Wochen anstelle von Tagen getrocknet. Für Chris Korrow, Farmer aus Kentucky, dauert die Naturtrocknung 45 Tage. Danach helfen ihm seine Freunde beim Abnehmen des Tabaks und bei dessen Verpackung in Ballen.

## Vorbereitung des biologisch angebauten Tabaks für die Annahmestelle

Die Vertragsfarmer der SFNTC liefern ihre getrockneten Tabakballen zu den Annahmestellen beim Herstellungswerk des Unternehmens in Oxford, North Carolina. Dort beurteilt ein zugelassener Tabakprüfer jeden Tabakballen und teilt diesem eine von der SFNTC festgelegte Note zu. Von jedem Ballen wird eine Probe entnommen, die auf Feuchtigkeitsgehalt – dieser darf einen bestimmten Wert nicht übersteigen – und Rückstände getestet wird.

In der Annahmestelle wird der Tabak von Prüfern zertifiziert und bewertet. Es wird auch eine Stichprobe entnommen, die auf Feuchtigkeitsgehalt und Rückstände getestet wird. Willy Brooks(links), Kirk Gravitt (Mitte) und Randal Ball, Leaf Manager bei der SFNTC.

Bei der Bewertung benutzt die SFNTC eine USDA-Norm. Diese umfasst Stängelposition, Qualität und Farbe des Tabaks – die drei Hauptelemente.

Nach dem Verwiegen wird jedem Tabakballen eine Probe entnommen, die zu einem externen, unabhängigen Labor gesandt wird, das den Tabak auf verbotene Rückstände im Tabak prüft.

Die jedem Ballen entnommene Stichprobe wird mit einer dreiseitigen Liste von unzulässigen Chemikalien verglichen. Wir wenden, wie vom biologischen Programm des USDA gefordert, beinahe eine Nulltoleranz-Richtlinie an.

**Bearbeitungsverfahren nach der Ernte**

Alle Burley-Anbauer der SFNTC sind zur Vernichtung der Stängel und Wurzeln so bald wie möglich nach der Ernte angehalten. Werden diese auf dem Feld liegengelassen, können sie sehr schnell zu einer Brutstätte für Krankheiten werden. Bei der biologischen Produktion ist dies auch die Zeit zur Planung der nächsten Pflanzenarten in der Fruchtfolge.

**Fruchtfolge mit anderen biologisch angebauten Nutzpflanzen**

Wie bereits in diesem Kapitel und an anderen Stellen in diesem Buch angemerkt, sind die Erhaltung eines gesunden Bodens und ein effektiver Fruchtfolgeplan für den biologischen Anbau von Tabak unerlässlich.

Durch wiederholtes Anpflanzen von Tabak auf ein und demselben Feld werden bestimmte, von der Tabakpflanze benötigte Nährstoffe aufgebraucht. Und so betreiben nach biologischen Grundsätzen arbeitende Farmer in jeder Saison sorgfältige Fruchtfolge, um dies zu vermeiden.

Unsere biologisch arbeitenden Farmer haben einige gute Lektionen in punkto Erhöhung der Bodenproduktivität gelernt. Hierzu zählen unter anderem die Durchführung von regelmäßigen

Bodentests und, je nach Bedarf, die Zugabe von verschiedenen Nährstoffen, die die Ernte und den Boden selbst beeinflussen können.

Normalerweise wird der Farmer, wenn eine bestimmte Pflanzenart den Stickstoffgehalt im Boden verringert, Pflanzen wie Erbsen und Bohnen wählen, die in der nächsten Saison dann dem Boden wieder Stickstoff zuführen. Auf der Farm von Ben Williamson wurde Tabak auf seinem zertifizierten Land alle vier Jahre angebaut. „In den Jahren dazwischen pflanzte ich in einem Jahr eine Zwischenfrucht und in den zwei anderen auf biologische Weise Sojabohnen an."

Roger Smith – er baut Burley-Tabak biologisch an – bewirtschaftet seine Felder in Kentucky ebenfalls mit Spezialmais, Mohnsaat, Zinnien und Studentenblumen in Fruchtfolge mit seinem Tabak.

Farmerin Jane Iseley aus Alamance County baut auf ihren Feldern Tabak nach biozertifizierter Methode an, daneben Tomaten, Mais, Erdbeeren, Rüben, Kohl, Brokkoli, grüne Bohnen, Kürbisse, Paprika und Speisekürbisse (Winter- und Sommerarten). Sie hat gegenwärtig 36 Hektar biologisch bestellt, davon acht Hektar Tabak für SFNTC.

Stanley Hughes zieht viele andere Produkte biologisch, darunter Süßkartoffeln, Kohl und Mais. „Im Laufe der letzten Jahre habe ich ebenfalls damit begonnen, zum persönlichen Verkauf auf den nahe gelegenen Bauernmärkten in Durham und Carrboro mehr Gemüse biologisch anzubauen, unter anderem Kohl, Grünkohl, Bohnen und Speisekürbisse."

Richard Ward besitzt insgesamt 54 Hektar biozertifiziertes Land. Neben Tabak baut der Farmer aus Whiteville, North Carolina, Süßkartoffeln, Melonen, Kohl, Brokkoli, Erdbeeren, Speisekürbisse und anderes Obst und Gemüse an.

Viele Farmer, die Tabak biologisch anbauen, betreiben zur Förderung eines nährstoffreichen Bodens Fruchtfolge. Jane Iseley zieht Obst und Gemüse auf biologische Weise zum Verkauf an ihrem Obst- und Gemüsestand.

Neben seinem biologisch angebauten Tabak zieht Farmer Tommy Winston aus Granville County zwei Hektar Spaliertomaten. Dies trägt zur Anreicherung seines Bodens in North Carolina bei und hält seine Saisonarbeiter während des Zeitraums unmittelbar vor Beginn der Tabakernte beschäftigt.

Als weitere bodenanreichernde Methode und zur Krankheitsvorbeugung hält Tom Croghan aus Kentucky, der Burley biologisch anbaut, eine vierjährige Fruchtfolge ein, bei der er normalerweise zwei Jahre lang Tabak, danach Alfalfa und in den darauf folgenden zwei Jahren Gewöhnliches Knäuelgras anbaut. Tom hat festgestellt, dass es jetzt auf seinen Feldern auch sehr wenig Bodenerosion gibt, was der verringerten technischen Bodenbearbeitung zu verdanken ist.

Richard Ward zieht und verkauft verschiedene Gemüsesorten.

# Andere umweltfreundliche Tabakanbaumethoden

Wir verarbeiten und stellen seit mehr als 25 Jahren 100 Prozent reinen, zusatzstofffreien, naturbelassenen Tabak her und engagieren uns stark für umweltfreundliche Produkte und das Land, aus dem diese stammen.

Oftmals hat das für uns bedeutet, unkonventionell zu handeln.

Die SFNTC hat sich gleich von Anfang an der Erforschung alternativer Methoden zum Anbau von Tabak gewidmet. Anfängliche Bemühungen in den 1980ern, Tabak im Südwesten, in den Indianerreservaten in New Mexico, anzubauen, klappten nicht – das Land und das Klima waren nicht dafür geeignet. Also versuchte das Unternehmen, den allerfeinsten, naturbelassensten Tabak dort zu kaufen, wo er auch tatsächlich wächst.

Dies führte zu einer Zusammenarbeit mit Farmern, Agrarvertretern und Wissenschaftlern von Universitäten im Südosten.

Dieser Zusammenarbeit haben wir unser biologisches Programm, das auf diesen Seiten zusammengefasst ist, und unser Sortiment an Tabakprodukten aus biozertifiziertem Anbau zu verdanken. In diesen Bemühungen und in unserem Engagement spiegelt sich unsere umweltfreundliche Einstellung wider.

Dies alles hat auch zur Entwicklung eines allgemeinen Ansatzes auf dem Gebiet des landwirtschaftlichen Anbaus geführt, der durch die Reduzierung des Einsatzes von Pestiziden auf den Farmen und die Anwendung anderer nachhaltiger Verfahren gekennzeichnet ist.

Im PRC-Programm ist die Behandlung des Tabaks mit bestimmten, zugelassenen Stoffen erlaubt.

1991 nahmen wir unser PRC-Programm auf – ein Programm zur Reduzierung von Pestizidrückständen in unserem zusatzstofffreien Produktsortiment aus nicht biologischem Anbau. Wir zahlen den Farmern Höchstpreise dafür, dass sie bestimmte systemische Chemikalien, die Rückstände im Blatt hinterlassen, nicht einsetzen und vom Unternehmen vorgegebene Bearbeitungsverfahren anwenden. Die meisten Farmer sehen in diesem Verfahren die bessere Art von Tabakproduktion. Aufgrund des Erfolgs dieses Programms verwenden wir jährlich immer mehr des damit aufgezogenen Tabaks.

Ronald Stainback baut Tabak an – im Rahmen des PRC-Programms, das 1991 von der SFNTC ins Leben gerufen wurde.

Die an unserem PRC-Programm beteiligten Tabakanbauer haben solche Chemikalien wie Temik, MH30, Endosulphin und Prime Plus von ihren Feldern verbannt.

**Chemikalien verbleiben lange Zeit im Boden**

Richard Ward hat früh erfahren, wie dauerhaft Chemikalien sein können. Bevor er zum biologischen Anbau überging, baute er Tabak im PRC-Programm für die SFNTC an.

Eines frühen Morgens im Herbst erhielt er einen Anruf von Fielding Daniel, Leaf Director bei der SFNTC, der ihm mitteilte, dass das Unternehmen in dem von ihm gelieferten Tabak Spuren einer laut PRC-Programm nicht erlaubten Chemikalie festgestellt

Richard Ward war überrascht, wie lange Chemikalien im Boden verbleiben können.

„Ich dachte nie im Leben, dass ich ein Chemikalienproblem haben könnte, da ich das Land seit Jahren nicht benutzt hatte", sagt Richard. Also prüfte und kontrollierte er seine Unterlagen. „Wir durchforsteten Jahre an Feldberichten, aus denen hervorging, dass wir nichts falsch gemacht und die betreffende Chemikalie mit Sicherheit nicht angewandt hatten."

Es stellte sich heraus, dass das Feld, auf dem der fragliche Tabak produziert worden war, aus Sandboden bestand. Dieser lag über einer Schicht Lehmboden, der eine große Speicherkapazität hat. Die Chemikalie war sieben Jahre davor eingesetzt worden. Sieben Jahre. „Als ich mit dem Chemieunternehmen sprach, sagten diese, dass die Chemikalie abgebaut wird und nach vier Jahren verschwunden sein sollte", erzählt er kopfschüttelnd.

Die Stainback-Farm.

## Anforderungen an die PRC-Zertifizierung von Tabak

Um sicherzustellen, dass im getrockneten Blatt keine Chemikalien zurückgeblieben sind, wenn es auf den Markt gebracht wird, dürfen die PRC-Anbauer von Tabak Bodenbegasungsmittel, kommerzielle Düngemittel und andere zugelassene Pestizide nur in beschränktem Maße verwenden. Die Farmer müssen zu jedem Feld, auf dem Chemikalien eingesetzt werden, einen „Pufferabstand" einrichten – einen 30-Meter-Abstand zu den Reihen konventionell angebauten Tabaks und einen 150-Meter-Abstand zu allen Flächen, auf denen innerhalb der letzten drei Jahre im Rahmen des PRC-Programms nicht zugelassene Chemikalien gemischt oder aufbewahrt wurden. Außerdem darf kein Oberflächenwasser aus Nicht-PRC-Feldern ablaufen.

Laut PRC-Programm müssen die Farmer genaue Aufzeichnungen über alle Bearbeitungsmethoden und -verfahren führen, die auf dem PRC-Feld in den letzten drei Jahren zur Anwendung kamen. Für den Fall, dass später in den Tabakproben niedrige Werte an Pestizidrückständen entdeckt werden sollten, werden anfängliche Bodenproben zum Vergleich genommen. Unter Leitung eines von der SFNTC beauftragten Umweltanalytikers werden eine Erstinspektion des Grundstücks und die Ersteinführung der Farmer vorgenommen.

Ein Umweltanalytiker der SFNTC führt während der Anbausaison mindestens zwei unangekündigte Kontrollen durch, bei denen er Gewebeproben von den grünen Blättern zur Analyse entnimmt. In der Annahmestelle wird eine letzte Produktprobe zur Untersuchung auf Pestizidrückstände entnommen, bevor die Tabakernte die PRC-Zertifizierung erhält.

Anwendungssichere Chemikalien, die schnell abgebaut werden, dürfen bei Befolgung des Programms nur angewendet werden, wenn der Schädlingsstand die vom County Extension Agent im Anbaugebiet empfohlenen Grenzwerte erreicht hat. Jegliche Rückstände von vorher verwendeten Chemikalien sind unter Verwendung eines Reinigungsmittels von den Sprühbehältern und der Sprühausrüstung zu entfernen. Tankmischungen müssen die geringste wirksame Konzentration anwendungssicherer Chemikalien enthalten.

"Tabak im PRC-Programm anzubauen, bedeutet so anzubauen, wie wir es früher gemacht haben", sagt Sam Crews.

„Tabak im PRC-Programm anzubauen, bedeutet so anzubauen, wie wir es früher gemacht haben", sagt Tabakanbauer Sam Crews aus Oxford, North Carolina, der neben 48 Hektar Tabak auf konventionelle Weise ca. zwölf Hektar Tabak PRC-gemäß anbaut.

**Voraussetzungen für den Anbau von Tabak im PRC-Programm und der Ablauf des Programms**

Während wir im PRC-Programm eng mit unseren Tabakanbauern zusammenarbeiten, wird sowohl unser nach PRC-Richtlinien als auch unser konventionell angebauter Tabak von unseren Tabakhändlern gekauft – Vertretern der United Tobacco Company und der Universal Leaf Tobacco Company. Unsere Tabakhändler schließen in unserem Namen Verträge mit Tabakanbauern zum exklusiven Anbau einer bestimmten jährlichen Tabakmenge für uns ab.

Diese Regelung ermöglicht es uns, ein enges Verhältnis zu unseren Anbauern aufrechtzuerhalten.

**PRC-gemäßer Anbau von Tabaksetzlingen**

Wir empfehlen unseren Farmern, Setzlinge aus konventioneller schwimmender Anzucht zur Entwicklung eines einheitlichen Produkts zu verwenden. Wir bitten sie darum, die Samenart auszuwählen, die den spezifischen Anbau- oder Marktbedingungen des Farmers am besten entspricht. Zur Bekämpfung von früh erscheinenden Insekten darf der Farmer beim Verpflanzen zugelassene Chemikalien zur Wasserbehandlung einsetzen.

James Bing, Teilnehmer am PRC-Programm, mit Setzlingen.

## Bodenvorbereitung und Düngung im PRC-Programm

Der Boden wird im Großen und Ganzen auf gleiche Art und Weise wie beim biologischen Anbau von Tabak vorbereitet. Zur PRC-gemäßen Düngung von Pflanzen sind alle Rezepturen zugelassen, die normalerweise bei Tabak eingesetzt werden und keine Herbizide enthalten. Unsere Umweltanalytiker raten den Farmern, die auf den Bodentests beruhenden Empfehlungen genau zu befolgen und – wo immer möglich – Stickstoff aus Mist einzusetzen sowie Phosphate nur in dem Maße zu verwenden, wie dies anhand der Bodentests angezeigt erscheint. Für eine erfolgreiche Ernte ist während des Pflanzens eine ausreichende Menge an Nährstoffen beizugeben. Natriumnitrat ist für die Reihendüngung zugelassen.

Noch ein paar Anmerkungen zu Düngemitteln:

Die drei Hauptnährstoffe, die eine Pflanze benötigt, sind Stickstoff, Phosphor und Kalium; sie sind als Grundnährstoffe in jedem standardmäßig benutzten landwirtschaftlichen Düngemittel enthalten. In Abhängigkeit von Bodentests, die von einem Mitarbeiter der Agricultural Extension Agency durchgeführt werden, variieren die speziellen Düngemittelrezepturen von einem Anbauer zum anderen. Die durch die Bodenanalyse ermittelte Stickstoff-, Phosphor- und Kaliumkonzentration bestimmt die empfohlene Düngemittelrezeptur. Je nach Empfehlung kann auch Kalk hinzugegeben werden.

Tabakpflanzen erschöpfen die Bodennährstoffe viel schneller als die meisten anderen Nutzpflanzen. Aus diesem Grund verwenden die Farmer, die Tabak konventionell anbauen, Unmengen an Düngemitteln. Die in der traditionellen Landwirtschaft praktizierte Fruchtfolge verringert die Erschöpfung der Bodennährstoffe so weit wie möglich.

Mitte des 20. Jahrhunderts stellte die Tabakindustrie fest, dass Düngemittel mit hohem Phosphatgehalt sogar noch größere Tabakerträge produzieren würden. Tatsächlich weisen 85 Prozent des Bodens, auf dem Tabak angebaut wird, sehr hohe Phosphorkonzentrationen auf. Dieser Nährstoff hat sich in den Tabakfeldern aufgrund des ununterbrochenen Einsatzes von Düngemitteln mit hohem Phosphatgehalt angesammelt. Viele verwenden Apatit – eine Gruppe von Phosphatmineralien – zur Herstellung von extrem phosphatreichen Düngemitteln. Die Vertragsfarmer der SFNTC verwenden beim Anbau unseres Tabaks keine Düngemittel mit hohem Phosphatgehalt. Wir haben sogar festgestellt, dass zum Anbau von Tabak *kein* zusätzlicher Phosphor notwendig ist.

Während Jimmy Crews beim konventionellen Tabakanbau eine Vielzahl von Stoffen einsetzt, steht ihm im Rahmen des PRC-Programms nur eine begrenzte Auswahl zur Verfügung.

Auf der anderen Seite dürfen sowohl bei der PRC- wie auch bei der konventionellen Produktion unseres Tabaks die *einfachen* N-Stickstoff-, P-Phosphor- und K-Kalium-basierten (handelsüblichen und spezialgemischten) Düngemittel verwendet werden – diese haben jedoch keinen hohen Phosphatgehalt. Diese Düngemittel können auch andere wichtige Nährstoffe enthalten.

**Unkrautbekämpfung bei Tabak im PRC-Programm**

Der reduzierte Einsatz von teuren Herbiziden zur Unkrautbekämpfung erfordert eine verstärkte Bodenbearbeitung und eventuell sogar ein einmaliges Durchgehen mit der Hacke. Im Rahmen des PRC-Programms der SFNTC wurden bestimmte chemische Behandlungen zur Unterstützung der Bekämpfung von früh auftretenden Unkräutern und Gräsern zugelassen. Nachdem der Tabak abgeerntet wurde, wird eine letzte Bearbeitung durchgeführt.

**Schädlingsbekämpfung bei Tabak im PRC-Programm**

Unser PRC-Programm umfasst zudem zugelassene Chemikalien, mit denen Flohkäfer und früh erscheinende Blattläuse ausgezeichnet bekämpft werden können. Gegen auftretende Nematoden erlaubt das Programm den Einsatz von zugelassenen Nematiziden, vorausgesetzt jedoch, dass diese mindestens zwei Monate vor der Ernte angewendet werden.

**Bewässerung von Tabak im PRC-Programm**

Bewässerung von PRC-Tabak kann während trockenen Wetters für die Reifung der Pflanzen unerlässlich sein. Voraussetzung ist hier natürlich, dass das Wasser keinerlei verbotene chemische Rückstände enthält.

**Köpfen und Geizen von Tabak im PRC-Programm**

Um eine volle Blattreifung zu erreichen, empfehlen wir, dass der Tabak mit maximal 18 Blättern geköpft wird. Dadurch können sich auch an weniger Stellen Geiztriebe entwickeln. MH-30 und Prime-Plus dürfen im PRC-Programm nicht für das Köpfen und Geizen von Tabak verwendet werden. Stattdessen sollte dem Köpfen unverzüglich eine Behandlung mit einem zugelassenen

Mittel zur Entfernung von Geiztrieben folgen, das als Wirkstoff nur Fettsäuren enthält.

Die blühende Spitze einer Tabakpflanze wird „geköpft".

Eine Woche bis zehn Tage nach dem Köpfen sollten die Pflanzen vorsichtig von Hand von Geiztrieben befreit und das Mittel zur Geiztriebentfernung sollte erneut aufgebracht werden. Die Farmer sollten damit rechnen, das Geizmittel nach dem Köpfen ca. dreimal aufzubringen.

**Ernte von Tabak im PRC-Programm**

Eine ordnungsgemäße Tabakreifung erfordert mindestens drei Ernten. Während die meisten kleinen Betriebe normalerweise von Hand ernten, setzen große Betriebe häufig mechanische Erntemaschinen zur Einbringung ihrer Ernte ein. Im PRC-

Programm sind weder auf dem Feld noch in den Schuppen Reifungsmittel zugelassen.

Nach PRC-Richtlinien angebauter Tabak ist getrennt von konventionell angebautem Tabak zu trocknen.

### Trocknung von Tabak im PRC-Programm

Nach PRC-Richtlinien angebauter Tabak ist getrennt von konventionell angebautem Tabak aufzubewahren. Ein verantwortungsbewusster Mitarbeiter muss den Tabaktransport zum und vom Trockenschuppen überwachen. Getrockneter Tabak sollte gerade genügend aufgefeuchtet werden, dass er während der Handhabung und der Verpackung nicht bricht.

Wie schon bei der Beschreibung des biologischen Anbaus von Tabak angemerkt, ist die Überwachung von relativer

Luftfeuchtigkeit und Temperatur während des Trocknungsprozesses unbedingt erforderlich.

Bei heißluftgetrocknetem Tabak werden die Blätter zur Trocknung auf Gestelle gelegt. Im Trockenschuppen wird erhitzte Luft durch den Tabak geleitet, was zunächst zur Vergilbung und dann zur Trocknung der Blätter und Stängel führt. Die Anfangstemperatur zur Vergilbung der Blätter beträgt 35 °C – 38 °C und wird dann schrittweise auf 73 °C – 77 °C erhöht. Die Belüftung ist Teil des Trocknungsprozesses und wird je nach Bedarf variiert, um bei gleichzeitigem Erhalt der Tabakqualität Feuchtigkeit zu entfernen. Es dauert fünf bis sieben Tage, um einen Schuppen voller Tabak mittels Heißluft zu trocknen.

Burley wird in unbeheizten Schuppen naturgetrocknet.

Bei Burley-Tabak erfolgt die Trocknung an der Luft, das heißt, er wird in unbeheizten Schuppen aufgehängt und über einen Zeitraum von Wochen anstelle von Tagen getrocknet.

**Vorbereitung des Tabaks zur Auslieferung im PRC-Programm**

Tabak ist im Rahmen des PRC-Programms in großen, 180 kg schweren Tabakballen an die SFNTC-Annahmestelle zu liefern. Ein zugelassener Tabakprüfer bewertet jeden Tabakballen und teilt diesem eine von der SFNTC festgelegte Note zu. Nach dem Verwiegen wird von jedem Tabakballen eine Probe entnommen, die zu einem externen, unabhängigen Labor gesandt wird, das den Tabak auf messbare chemische Rückstände prüft.

Nach PRC-Leitlinien angebauter Tabak wird in 180 kg schweren Ballen an die Annahmestellen geliefert, wo er bewertet wird; hier geschieht dies durch Randal Ball.

Am Markttag erhalten die Farmer einen Scheck in Höhe des Marktwerts ihres Tabaks. Nachdem der Tabak als „Purity Residue Clean" zertifiziert wurde, zahlt die SFNTC zusätzlich zum aktuellen Marktwert der Ernte die vereinbarte Prämie.

Die PRC-Anbauer Lynn Vick (links) und David Rose (rechts) mit Fielding Daniel von der SFNTC.

**Verfahren zur Bodenbearbeitung nach der Ernte von Tabak im PRC-Programm**

Am Ende der Saison ist die Zerstörung der Stängel und Wurzeln der Pflanzen dringendst zu empfehlen. Dies ist auch die Zeit zur Planung der nächsten Fruchtfolge – eine effektive Methode zur Krankheitsbekämpfung für eine erfolgreiche Tabakproduktion.

**Fruchtfolge mit anderen Pflanzen**

Wie bereits in den vorigen Kapiteln angemerkt, sind die Erhaltung eines gesunden Bodens und ein durchdachter Fruchtfolgeplan für den biologischen Anbau von Tabak unerlässlich. Durch wiederholtes Anpflanzen von Tabak auf ein und demselben Feld werden bestimmte, von der Tabakpflanze benötigte Nährstoffe aufgebraucht.

Anbauer, die die PRC-Richtlinien befolgen, haben viel dazu gelernt, was die Erhöhung der Bodenproduktivität anbelangt. Zu den bewährten Verfahren zählen unter anderem die Durchführung regelmäßiger Bodentests und, je nach Bedarf, die Zugabe verschiedener Nährstoffe, die die Ernte und den Boden selbst beeinflussen können.

Wenn eine bestimmte Pflanzenart Stickstoff aufbraucht, können Farmer Pflanzen wie Erbsen und Bohnen einführen, die in der darauffolgenden Saison dann dem Boden wieder Stickstoff zuführen.

# Farmer reden über das PRC-Verfahren

*I*m Laufe der Jahre hat eine Reihe von Farmern über das umweltfreundliche PRC-Verfahren gesprochen. Im Folgenden teilen wir einige dieser Überlegungen mit Ihnen.

**Sam und Jimmy Crews,** Oxford, Granville County, North Carolina

*In einem Versuch, ihren Tabakanbaubetrieb auszuweiten, bauen die Crews-Brüder einen Teil ihres Tabaks im Rahmen des PRC-Programms für die SFNTC an. Sam Crew gibt uns im Folgenden Auskunft:*

„Wir bauen seit ungefähr sechs Jahren Tabak nach PRC-Richtlinien für die SFNTC an. Wir haben mit 2,5 Hektar begonnen, und dieses Jahr haben wir einen Vertrag über 28 Hektar. Es ist für uns bisher eine gute Erfahrung gewesen. Es ist etwas anders als beim konventionellen Tabakanbau – man darf nicht ganz so viele Chemikalien verwenden. Der Anbau erfordert auch etwas mehr Betriebsführung.

Die Brüder Jimmy Crews und Sam Crews

„Wir machen im Grunde genommen das, was ich als Junge auf der Farm meines Vaters immer getan habe. Wir pflanzen den Tabak und haben nur sehr wenige Chemikalien zu unserer Verfügung. Die Bekämpfung von Geiztrieben ist die größte Herausforderung. Wir müssen zweimal die Geiztriebe entfernen. Außerdem müssen wir den Tabak getrennt lagern und hinsichtlich der Ernte gute Entscheidungen treffen, damit wir unsere Schuppen einen nach dem anderen füllen können. Die von der SFNTC gezahlten Höchstpreise hängen von der Qualität unseres Tabaks ab."

**Ronnie Perry**, Rolesville, Wake County, North Carolina

„Wir bestellen ungefähr 64 Hektar, und ich habe einen Vertrag mit Santa Fe über etwa 40.000 Pfund. Wenn mich nicht alles täuscht, baue ich seit ungefähr fünf Jahren Tabak im PRC-Programm für die SFNTC an. Ich kann einige Chemikalien nicht anwenden, und man muss eine andere Methode zur Bekämpfung von Geiztrieben finden. Ich würde gern alles auf diese Art anbauen. Ich würde gern mehr Tabak nach PRC-Richtlinien und auch etwas Tabak auf biologische Weise anbauen."

**Ronald Stainback**, Warren County, North Carolina

„Wir bauen seit mehreren Jahren Tabak im PRC-Programm für die SFNTC an. Es ist bisher ein sehr angenehmes Arbeitsverhältnis gewesen. Die Prämie, die wir für diesen Tabak erhalten, ist heutzutage eine echte Hilfe. Wir bauen ungefähr 100.000 Pfund Tabak gemäß PRC-Vorgaben für die SFNTC an. Meine Söhne und ich betreiben über Universal eine Annahmestelle für die SFNTC. Wir erhalten den PRC-gemäßen Tabak in diesem Bereich hier. Dies ist ebenfalls bisher ein sehr angenehmes Arbeitsverhältnis gewesen."

**Thomas Dean**, Wake County, North Carolina

„Was mich betraf, war der Ertrag hervorragend; wir erzielten 103 Prozent damit. An der Qualität war nichts auszusetzen. Wir waren damit äußerst zufrieden. In diesem 60 Hektar großen Betrieb haben wir genügend Arbeiter für den PRC-Anbau von vier bis sechs Hektar Tabak. Die Angestellten der SFNTC, die zu uns kommen und die Felder begutachten, haben bisher immer zu ihrem Wort gestanden, und ich habe immer versucht, mein Wort zu halten. Es klappt alles sehr gut."

**David and Allen Rose,** Nash County, North Carolina

„Wir bauen gegenwärtig über 40 Hektar Tabak im PRC-Programm an, das ist um einiges mehr als die zwölf Hektar, mit denen wir über United Tobacco für die SFNTC zu arbeiten anfingen. Wir glauben, wir sind mit Santa Fe besser bedient, und noch dazu arbeiten wir gern mit ihnen zusammen. Wir bauen insgesamt 200 Hektar an.

Die Brüder David Rose und Allen Rose

„Beim Tabakanbau gemäß PRC-Programm müssen wir alles von unseren konventionell gezogenen Pflanzen getrennt halten, da wir es uns nicht leisten können, dass chemische Rückstände in der Ernte, die wir zum Markt bringen, auftauchen. Wir müssen bloß besonders vorsichtig sein und sicherstellen, dass alles gründlich sauber gemacht wurde, wenn wir uns von der einen Art Tabak zur anderen bewegen. Wir können es uns nicht leisten, unseren PRC-gemäßen Tabak zu kontaminieren. Es steht ein zu großer Bonus auf dem Spiel, um ihn zu einem konventionellen Tabak werden zu lassen.

„Einer der Aspekte, der PRC für uns interessant machte, war der Einsatz manueller Arbeit. Wir entfernen ungefähr doppelt so viele Geiztriebe von Hand als beim Einsatz von MH30. Wir finden, dass die Erträge fast gleich sind. Für uns gibt es also nicht viel Unterschied zwischen Tabakanbau nach PRC- und konventionellen Methoden. Wir sind mit dem Notensystem der SFNTC zufrieden, wir finden, dass die Bewertung fair ist, und wir glauben, dass der Höchstpreis, den wir jetzt erhalten, den zusätzlichen Aufwand wert ist, eine Ernte ohne einige dieser Chemikalien anzubauen. Wir denken, wir werden in Zukunft mehr Tabak im PRC-Verfahren anbauen, da wir glauben, dass wir hierbei unsere Arbeitskräfte besser nützen können."

**Lynwood Vick,** Wilson County, North Carolina

„Wir sind ein Familienbetrieb. Wir bauen 152 Hektar heißluftgetrockneten Tabak an, und 48 Hektar davon entfielen in diesem Jahr auf Tabak nach PRC-Richtlinien. Wir bauen seit nunmehr fünf Jahren Tabak PRC-gemäß für die SFNTC an. Als wir mit dem Anbau von Tabak im PRC-Programm begonnen haben, waren wir etwas besorgt darüber, wie die Pflanzen ohne den Einsatz einiger der wichtigen Hauptchemikalien, die wir bei der Produktion des heißluftgetrockneten Tabaks verwenden, wachsen würden.

Lynn Vick

Wir haben im ersten Jahr mit vier Hektar begonnen und haben diese Fläche seither jedes Jahr verdoppelt, weil wir finden, dass Tabak genauso einfach nach PRC-Richtlinien anzubauen und die Qualität des Tabaks sogar viel besser ist, als wenn wir viele Chemikalien einsetzen. Es stimmt schon, dass wir mehr Arbeit dafür aufwenden müssen – die Ertragsmenge und der Preis jedoch, den wir von der SFNTC für unseren Tabak erhalten, scheinen unseren Mehraufwand auszugleichen. Das ist bisher ein großer Pluspunkt beim PRC-gemäßen Anbau von Tabak gewesen."

**Tim Shelton,** Wilson County, North Carolina

„Nur eine Anmerkung zur SFTNC. Das ist ein Unternehmen, das geradeheraus sagt, was es machen kann und wird und das zu seinem Wort steht. Wir haben bisher ein ganz gutes Verhältnis mit der SFTNC gehabt. Sie ist und bleibt eine der besten Chancen für einen kleinen Farmer, wie ich es bin."

**Donny Blizzard,** Snow Hill, North Carolina

*Donny Blizzard baut seit vier Jahren Tabak im PRC-Programm an. 2007 baute er 87 Hektar davon an (was mehr als 70 Prozent seiner gesamten Tabakernte entsprach).*

„Der PRC-Anbau von Tabak ist ein sehr interessantes Konzept. Wir haben eine ganze Menge dabei gelernt, insbesondere, dass es billigere Chemikalien gibt, die wir einsetzen können und die eine geringere Auswirkung auf die Umwelt haben, und trotzdem im Vergleich mit teureren Produkten immer noch 95 Prozent Insektenkontrolle erzielen.

Donny Blizzard

Ohne den PRC-Anbau hätte ich dies nie erfahren. Im vergangenen Jahr, als die Thripsenpopulation nicht ganz so groß war, haben wir bei Einsatz beider Produkte den gleichen Grad an Insektenkontrolle erzielt. Wo uns Wasser zur Bewässerung der Pflanzen zur Verfügung stand, hatte ich in Bezug auf die Qualität und die Erträge eine der besten Tabakernten, die ich je erzielt habe. Wer viel Tabak anbaut, muss engagiert sein, um einen großen Erfolg zu erzielen."

# Von der Farm zum fertigen Produkt—Das biologische Herstellungsverfahren

Von dem Moment an, wenn der biologisch gezogene und geerntete Tabak den Farmer verlässt, bis er als fertiges Produkt aus dem Herstellungswerk ausgeliefert wird, gewährleistet eine vollständige, gründliche und umfangreich dokumentierte Belegsammlung die biologische Integrität des Tabaks.

Die biologische Herstellung von Tabak unterliegt äußerster Sorgfalt und Genauigkeit. Um eine sichere Vorgehensweise zu gewährleisten, haben wir einen umfassenden Planungs- und Aktionsführer zusammengestellt – unseren *biologischen Systemplan*.

Der Plan und seine viele Bestandteile dienen nicht nur als Anleitung für Tabakverarbeiter und -hersteller, sondern sind auch für die vielen Lieferanten, Anbauer und anderen Menschen gedacht, die dazu beitragen, dass ein fertiges Produkt erzeugt wird. Weiterhin dient der Plan in Buchform als Aufbewahrungsort für die zahlreichen Zertifizierungsunterlagen und -bewerbungen, einschließlich der offiziellen Zertifizierungsdokumentation und Zertifizierungsanforderungen des USDA. Er wird dem USDA und dem National Organic Program und deren Kontrolleuren zur Verfügung gestellt.

Näheres zum biologischen Systemplan später in diesem Kapitel. Folgen wir nun erst einmal dem Weg des biologisch angebauten Tabakblatts.

**Verarbeitung und Produktion**

Nach der Ernte und Trocknung ist der biologisch angebaute Tabak bereit zur Auslieferung an eine Annahmestation, wo er gemessen, gewogen und getestet wird. Er wird dann zur Weiterverarbeitung zur Entrippungsstation befördert.

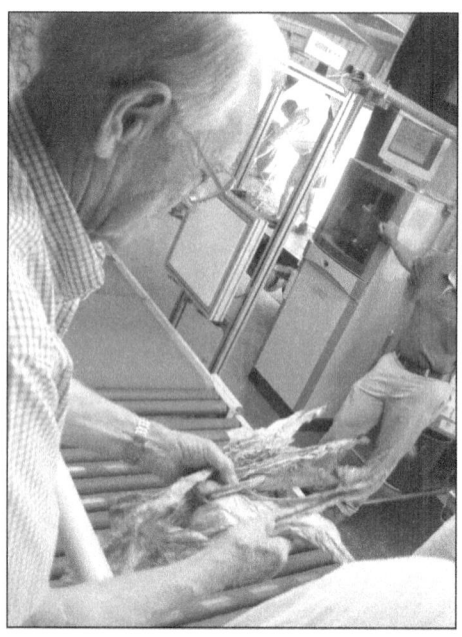

In der Annahmestelle wird der biologisch angebaute Tabak benotet, gemessen, gewogen und getestet; in diesem Fall durch Willy Brooks.

Für die SFNTC bedeutet dies den Einsatz unserer beiden Tabakvertragshändler, die die Tabakblätter von Stängel und Rippen befreien. Im Gegensatz zu fast allen anderen US-Herstellern verwendet die SFNTC ausschließlich das ganze Blatt der Tabakpflanze, auch Blattspreite (Lamina) genannt. Wir verwenden keine Stängel oder Abfälle, die auftragen und zu einem geringeren Tabakblattanteil im fertigen Produkt führen. Nach dem Entfernen der Stängel werden Tabakstreifen in Ballen gepresst und in 180 kg schweren Kisten gelagert, die wir zur zwei- bis mehrjährigen Ausreifung in unsere Lagerhäuser in Oxford transportieren. Ausreifung ist der Vorgang, bei dem der Feuchtigkeitsgehalt standardisiert wird.

Nach der Entfernung der Stängel werden Tabakstreifen zusammengepresst, in Kisten gelagert und zur zwei- bis mehrjährigen Ausreifung in unsere Lagerhäuser in Oxford transportiert.

Nach der Ausreifung kann der Tabak mit anderem biologisch angebauten Tabak vermischt und zu einem fertigen Produkt verarbeitet werden. Für uns bedeutet das entweder losen Tabak für Dosen und Beutel oder Tabak für fertige Zigaretten. Wir produzieren unseren Dosen- und Beuteltabak in unserer Anlage an der West Street in Oxford. Zigaretten werden in unserem Werk in der Knotts Grove Road, ebenfalls in Oxford, produziert. Beide Anlagen sind biozertifizierte Verarbeitungsstellen.

Nach der Ausreifung wird der Tabak für das Mischen vorbereitet.

**Beginn der Produktion – im *Primärbereich***

Wenn wir bereit sind, einen neuen Schwung Tabak zu mischen, werden Kisten mit Tabak unterschiedlicher Einstufung, aus unterschiedlichen Jahren und von unterschiedlicher Tabakart zum *Primärverarbeitungsbereich* in der Knotts Grove Road gebracht.

Der Tabak wird zu unserem Primärverarbeitungsbereich gebracht und für das Mischen vorbereitet.

Zur Herstellung einer Mischung, die unser gewünschtes Geschmacksprofil liefert, verwenden wir verschiedene Arten von biologisch angebautem Tabak. Nachdem der in Ballen gepresste Tabak in kleinere Stücke geschnitten wurde, gelangt er in eine Aufbereitungskammer, in die wir Dampf und gefiltertes Wasser hineinleiten, um den Feuchtigkeitsgehalt des Tabaks zu erhöhen. Von dort werden genau festgelegte Mengen der verschiedenen Tabakarten in eines der beiden für die Mischung erforderlichen Silos eingebracht.

Der nun gemischte biologisch angebaute Tabak läuft weiter durch den Primärverarbeitungsbereich, und zwar in einer von zwei Richtungen. Ein Teil des aus der Aufbereitungskammer (in die wir

Dampf und gefiltertes Wasser hineingeleitet haben) kommenden Tabaks wird in Streifen geschnitten, in Kartons verpackt und nach Österreich und Deutschland verschifft, wo Vertragshersteller unsere Tabakprodukte zum Verkauf in Europa herstellen.

Teil eines Primärverarbeitungsbereichs.

Für unsere Binnenmärkte, für die ein Großteil unseres Tabaks bestimmt ist, wird der biologisch gezogene Tabak weiter aufbereitet, zerkleinert und in einen Zylinder geleitet, wo er getrocknet wird, bis er einen Feuchtigkeitsgehalt von ungefähr 13 – 14 Prozent aufweist. Danach lassen wir den Tabak zum Entweichen der Hitze für 24 Stunden ruhen, bevor wir zur nächsten Stufe übergehen.

Der Primärverarbeitungsprozess der SFNTC folgt einem Betriebsführungsplan. Dieser umfasst:

Umfang, Definitionen und Akronyme
Strategien
Normen
Verfahren
Arbeitsanweisungen
Formulare, Kontrolllisten und Vordrucke
Werkzeuge
Prozessbeschreibung
Prozesseingaben
Prozessausgaben
Ausgabenanforderungen
Prozessaktivitäten
Mischen des abgestreiften Tabaks
Produktion der geschnittenen Einlage
Produktion des zum Export bestimmten abgestreiften, gemischten Tabaks
Maßnahmen zur Qualitätssicherung
Überwachung der Feuchtigkeit des abgestreiften Tabaks
Überprüfung, ob der abgestreifte Tabak die Anforderungen erfüllt
Überwachung der Feuchtigkeit der geschnittenen Einlage
Überprüfung, ob die geschnittene Einlage die Anforderungen erfüllt
Überwachung der Feuchtigkeit des zum Export bestimmten abgestreiften, gemischten Tabaks
Überprüfung, ob der zum Export bestimmte abgestreifte, gemischte Tabak die Anforderungen erfüllt
Flussdiagrammsymbole
Prozessflussdiagramm

Mit Tabakprodukten aus biologischem Anbau gefüllte Behälter werden dann zur Lagerung in unsere Lagerhäuser gebracht, die zur Aufrechterhaltung der Frische vor dem Versand zum Markt feuchtigkeits- und temperaturgesteuert sind.

Nachdem wir die optimalen Bedingungen zur Zigarettenherstellung geschaffen haben – richtiger Feuchtigkeitsgehalt, richtige Temperatur, Größe und Form – wird der Tabak zum *Fabrikationsbereich* des Gebäudes transportiert. Hier werden dann unter den wachsamen Augen unseres Betriebspersonals die Zigaretten hergestellt.

**Herstellung –** *Fabrikation*

Ein Einblick in den Herstellungsbereich.

Herstellung.

An den Fabrikationsmaschinen wird der Tabak vorübergehend in Trichtern gelagert, die kontinuierlich dosierte Tabakmengen auf Zigarettenpapier fallen lassen. Das Papier wird um den Tabak gewickelt und geklebt, wodurch ein durchgängiger Stab entsteht. Die Stäbe werden dann zur Herstellung von Zigaretten auf die richtige Länge geschnitten.

**Der biologische Systemplan der SFNTC**

Biologisch angebauter und verarbeiteter Tabak muss bei jedem Verarbeitungs- und Herstellungsschritt richtig und in Übereinstimmung mit den strengen Normen des National Organic

Program behandelt werden. Zur Gewährleistung, dass dieser Tabak frei von Stoffen und Substanzen bleibt, die vom National Organic Program des USDA nicht zugelassen sind, ist es von äußerster Wichtigkeit, dass er nicht mit anderem Tabak vermischt wird.

Um uns dies zu erleichtern, haben wir unseren biologischen Systemplan entwickelt. Wie schon erwähnt, handelt es sich hierbei um eine umfangreiche Planungs- und Betriebsanleitung, die unter anderem offizielle Zertifizierungsdokumentationen des USDA National Organic Program enthält. Er umfasst Formulare, Anträge und Zertifizierungsanforderungen. Der Plan und dessen viele Bestandteile dienen nicht nur als Anleitung für Tabakverarbeiter und -hersteller, sondern sind auch für die zahlreichen Lieferanten, Anbauer und anderen Menschen gedacht, die dazu beitragen, dass ein fertiges Produkt erzeugt wird. Er kann jederzeit von zugelassenen Zertifizierern des USDA und von dessen Kontrolleuren geprüft werden.

Der erste Schritt gemäß unserem biologischen Systemplan beginnt mit der eigentlichen Antragstellung bei den Quality Certification Services (QCS), den offiziellen Biozertifizierern. Alle unsere Lieferanten – darunter auch Tabakanbauer – müssen ähnliche Anträge ausfüllen. Im Systemplan werden die Kopien der Biozertifikate eines jeden Lieferanten aufbewahrt.

Im Folgenden sind einige der speziellen Anforderungen aufgeführt, die wir als Hersteller bei der Produktion von biozertifiziertem Tabak erfüllen müssen.

**Der Antrag**

Der erste Punkt auf der Tagesordnung des Herstellers ist der Antrag auf Biozertifizierung. In unserem Antrag beschreiben wir, wer wir sind und was wir machen. Wir sind ein Primärverarbeiter, nicht ein Vertragsverarbeiter. Wir trocknen, mischen, trennen und reinigen Tabak und stellen Tabakprodukte her. Unser Werk befindet sich in 3220 Knotts Grove Road in Oxford, North Carolina. Dies ist eine biozertifizierte Anlage.

Wir verkaufen unsere Produkte in den Vereinigten Staaten; unser Tabak wird aber auch nach Japan, Australien, Kanada, in die Schweiz und die Europäische Union exportiert, und deshalb muss unser Tabak auch die biologischen Anforderungen dieser Länder erfüllen.

Wir verkaufen biologisch angebaute und hergestellte Tabakprodukte an Groß- und Einzelhändler in zwei Zigarettenarten und als losen Tabak zum Selbstdrehen. Alle sind gemäß dem biologischen Programm des USDA als „Organic" („Biologisch") oder „Made with Organic Tobacco" („Aus biologisch angebautem Tabak hergestellt") gekennzeichnet.

Wir stellen vollständige schriftliche Beschreibungen und schematische Produktflussdiagramme bereit, die den Weg aller Produkte von der Annahme über die Produktion bis hin zum Versand aufzeigen.

**Annahmestellen und Lagerhäuser**

Die allgemeinen Einkaufs- und Annahmestellen und Lagerhäuser der SFNTC sind Einrichtungen, die zum Kauf, zur Annahme und/oder Lagerung von zertifiziertem Tabak zertifiziert sind. Diese verarbeiten weder, noch ändern sie den physikalischen Zustand des von den biologisch arbeitenden Produzenten und/oder biozertifizierten Produktionseinrichtungen erhaltenen Tabaks. Eine vollständige Belegsammlung protokolliert den gesamten Prozess.

**Sicherstellung biologischer Integrität**

Einen Großteil unseres biologischen Systemplans macht unser *biologisches Integritätsprogramm* aus, das wir eingeführt haben, um sicherzustellen, dass die Handhabungspraktiken und -verfahren kein Kontaminierungsrisiko für biologisch angebaute Produkte aufgrund von Vermischung mit nicht biologisch angebauten Produkten oder mit verbotenen Substanzen darstellen. So dürfen zum Beispiel Verpackungsmaterialien, Eimer und Sammelbehälter nicht in Berührung mit synthetischen Fungiziden, Konservierungsmitteln oder Begasungsmitteln gekommen sein. Wiederverwendbare Beutel und Behälter werden gesäubert und stellen für die biologische Integrität der Produkte kein Risiko dar. Alle von uns zur Erhaltung der biologischen Integrität eingesetzten Verfahren müssen vollständig dokumentiert werden und sich in Übereinstimmung mit den Anforderungen des National Organic Program des USDA befinden.

**Programme zur Prozessüberwachung**

Wir setzen Programme zur Prozessüberwachung ein, um Bereiche potenzieller Vermischung und Kontaminierung verstärkt zu beobachten. Das Unternehmen verfügt über ein Qualitätssicherungsprogramm und ist ISO-zertifiziert. ISO steht für International Organization for Standardization (Internationale Organisation für Normung), ein Organ, das aus Vertretern verschiedener nationaler Normungsinstitute besteht und internationale Normen aufstellt. ISO veröffentlicht weltweit geschützte Industrie- und Handelsnormen. Der Erhalt einer ISO-Zertifizierung ist eine wichtige Errungenschaft.

Als Teil unseres Überwachungsprogramms testen wir

unseren Tabak entlang der gesamten Lieferkette:

>Vor dem Kauf
>Bei Erhalt
>Während der Produktion
>Als fertiges Produkt

**Ausrüstung**

Die gesamte bei der Verarbeitung von biologisch angebautem Tabak eingesetzte Ausrüstung wird vor der Produktion gründlich gereinigt und gesäubert. Auch dieser Prozess wird vollständig dokumentiert. Die von uns verwendete Ausrüstung umfasst Folgendes:

>Mischer/Schneidemaschine
>Konditioniertrommel
>Stromtrockner
>Siloeinheiten/Dämpftunnel
>Trockner/Kühlung und Verpackung
>Zigarettenherstellungsmaschine/-stopfer

**Hygiene**

Die von uns im Werk in Verbindung mit unserem biologischen Programm durchgeführte dokumentierte Reinigung umfasst das Kehren, Abschaben und Staubsaugen des Annahmebereichs, der Tabakaufbewahrungsräumlichkeiten, der Bereiche, in denen das Produkt befördert und bearbeitet wird, der Ausrüstung, des Verpackungsbereichs, des Fertigproduktlagerbereichs, des Ladedocks und des Gebäudeaußenbereichs.

Die gesamte Ausrüstung wird vor der Verarbeitung von biologisch angebautem Tabak gründlich gereinigt.

**Lagerung**

Die SFNTC bewahrt ihren biologisch angebauten Tabak in dafür reservierten Bereichen und in verschiedenen Stadien auf, darunter während der Bearbeitung, als Fertigprodukt und extern; alle Lagerbereiche müssen von unseren Zertifizierern und im Rahmen des National Organic Program des USDA kontrolliert werden.

**Transport**

Wie in anderen Bereichen sind wir auch im Hinblick auf den Transport unseres biologisch angebauten Tabaks sehr gewissenhaft. Eingehender Tabak wird von Tabak-Vertragsunternehmern transportiert. Transportunternehmen kennen die Anforderungen an den Umgang mit biologisch angebauten Produkten und reinigen ihre Lkws vor dem Transport. Wie auch in anderen Bereichen wird der gesamte Prozess vollständig dokumentiert. Die entsprechenden Paletten werden deutlich mit „biologisch" gekennzeichnet. Wir befördern den Tabak in einem abgesonderten Bereich in der Transporteinheit. Er wird in luftundurchlässigen Containern versiegelt und eingeschweißt.

Wir führen Aufzeichnungen über alle Kaufaufträge, Verträge, Rechnungen, Quittungen, Lieferscheine, Zollformulare, Wiegescheine, Qualitätstestergebnisse, Analysenzertifikate, Empfangsdaten und Empfangsprotokolle.

Vor der Bearbeitung unseres biologisch angebauten Tabaks werden alle Transporteinheiten gereinigt. Auch der Kontroll- und Reinigungsprozess wird vollständig dokumentiert. Diese Dokumentation umfasst Protokolle über die Ausrüstungsreinigung, Inhaltsstoffkontrollformulare und Misch-, Produktions- und Verpackungsberichte.

Transportunternehmen werden von den Anforderungen beim Umgang mit biologisch gebauten Produkten unterrichtet; diese werden dokumentiert und umfassen Versandprotokolle, eidesstattliche Erklärungen über die Sauberkeit der Lkws, Lieferscheine, Ausfuhrerklärungsformulare und zusammenfassende Versandprotokolle.

Außerdem kann im Rahmen unseres Dokumentationssystems jedes Fertigprodukt bis zu dem für dessen Herstellung verwendeten biologisch angebauten Tabak rückverfolgt werden.

**Dokumentation**

Wir bewahren alle unsere „biologischen Aufzeichnungen" für einen Zeitraum von mindestens fünf Jahren auf und legen alle Aktivitäten und Betriebstransaktionen in Verbindung mit biologisch angebautem Tabak offen. Alle diese Aufzeichnungen werden an den bezeichneten Vertreter des National Organic Program des USDA zur Kontrolle und Vervielfältigung gesandt bzw. diesem zur Verfügung gestellt.

Diese Aufzeichnungen umfassen Folgendes:

Biozertifikate für Tätigkeiten im Unterauftrag

Kennzeichnungs-Vorschläge für alle Fertigprodukte

Zertifikate von jedem Lieferanten von biologisch angebautem Tabak

Vorschriften für alle nicht für den Einzelhandel bestimmten Ausfuhrcontainer, die gemäß allen Anforderungen des Bestimmungslandes oder ausländischen Vertragskäufers für den Transport (per Luft oder Schiff) des Produkts ins Ausland gekennzeichnet sind

Eine vollständige schriftliche Beschreibung oder ein schematisches Produktflussdiagramm, das den Weg aller biologisch angebauten Produkte vom Eingang/von der Annahme über die Produktion bis hin zum Ausgang/Versand aufzeigt

Ausgefüllte Formulare zum biologischen Profil eines jeden Nebenprodukts

Wassertests

Sicherheitsdatenblätter und/oder Produktetiketten für Heizwasserzusätze

Anlagenpläne, aus denen die Lage von Fallen und Überwachungsgeräten hervorgeht, und Sicherheitsdatenblätter und/oder Etiketteninformationen betreffend die zur Schädlingsbekämpfung eingesetzten Substanzen

Schädlingsbekämpfungspläne für die Anlagen, die der Norm für die Schädlingsbekämpfung in Anlagen („Facility Pest Management Practice Standard") und der Norm für die Verhinderung von Vermischung und Kontakt mit verbotenen Substanzen („Commingling and Contact with Prohibited Substance Prevention Practice Standard") Rechnung tragen

Programm zur biologischen Integrität oder eine Liste spezieller Kontrollstellen, die wir in unserem Prozess ermittelt haben (siehe Abschnitt „Kontrollstellen"), und eine Erklärung, welche Schritte wir an jeder Kontrollstelle unternehmen, um die biologische Integrität zu schützen

Sicherheitsdatenblätter und/oder Produktetiketten für jedes Reinigungs- und Desinfektionsmittel, das zur Reinigung und Desinfektion der mit Produkten aus biologischem Anbau in Kontakt kommenden Oberflächen verwendet wird

Alle Aufzeichnungen zum Eingang, zur Verarbeitung und zum Ausgang (Versand) des Tabaks

Der Prozess richtet sich zur Gänze nach den standardisierten biologischen Arbeitsabläufen „Organic Standard Operating Procedures".

**Export**

Unsere Streifentabakmischungen sowie unsere abgepackten Tabakprodukte aus 100 Prozent Tabak aus biologischem Anbau werden gemäß unserem zertifizierten biologischen Verarbeitungsplan hergestellt, der Teil unseres biologischen Systemplans ist. Für jedes exportierte Produkt füllt die SFNTC eine Exporterklärung aus, die vor dem Export von Kontrolleuren geprüft und unterzeichnet wird.
Als Erzeuger biozertifizierter Waren für die Ausfuhr in die Europäische Union (EU) müssen wir für unsere offiziellen Biozertifizierer, die Quality Certification Services, einen „EU Compliance Plan" durchführen, um die Einhaltung der Verordnung (EWG) Nr. 2092/91 zu verifizieren, die die rechtliche Grundlage für die Produktion, die Verarbeitung und den Handel mit biologisch angebauten Produkten in den 25 Ländern der Europäischen Union darstellt. Einzig und allein Produkte, die nach dieser Verordnung

zertifiziert sind, dürfen in der EU als „biologisch" gekennzeichnet werden.

Die Zertifizierung umfasst außerdem die Konformitätserklärung gemäß der Verordnung (EWG) Nr. 2092/91 (Europäische Union).

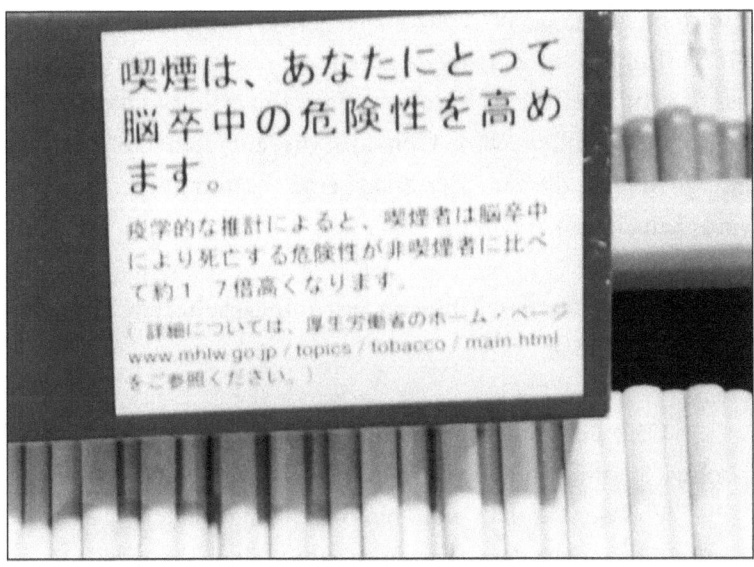

Abgepackte Tabakprodukte aus biologischem Anbau werden ebenfalls nach internationalen biologischen Richtlinien exportiert.

In dieser Erklärung steht, dass der Zertifizierer (in diesem Fall die „Quality Certification Services") ein unter das National Organic Program des USDA fallender Drittzertifizierer ist, dessen Einhaltung des ISO Guide 65 betreffend Kompetenz und Zuverlässigkeit im Rahmen einer Akkreditierungsprüfung durch den Agricultural Marketing Service des USDA zur Verifizierung und Anwendung von EU-Normen nachgewiesen wurde.

In der Erklärung wird festgehalten, dass der Zertifizierer (anhand einer Prüfung der Anwendungen und Aufzeichnungen des Anbauers und einer Kontrolle seiner Felder, Anlagen und Prozesse) festgestellt hat, dass der in Frage stehende Betrieb die angemessenen und anwendbaren Normen für die biologische Produktion, Handhabung und Verarbeitung, wie in der Verordnung (EWG) Nr. 2092/91 festgelegt, erfüllt oder übertrifft. Mit Vorlage dieses Zertifikats garantiert der zertifizierte Betrieb, dass der Anbauer die EU-Norm vollständig erfüllt und diese auch in Zukunft erfüllen wird. Genauso wie auf dem US-Zertifikat sind auch auf diesem Zertifikat eine Kennnummer und das Gültigkeitsdatum aufgeführt.

**Zertifizierung für den Umgang mit unbearbeitetem biologisch angebauten Tabak**

Die Fertigungsbüros der SFNTC in Oxford, North Carolina, empfangen und verwalten alle Biozertifikate.

Vor dem Erhalt von biologisch angebautem Tabak zur Verarbeitung wird dem Vertragspartner eine Erzeugerliste zur Bestätigung der Verifizierung zur Verfügung gestellt. Biologisch angebauter Tabak wird ein- bis zweimal jährlich verarbeitet.

**Kontrollstellen**

Obwohl einige der folgenden Informationen zu Kontrollstellen bereits oben zu finden sind, erachten wir es als wichtig, einige der Hauptpunkte zu wiederholen und einige neue Aspekte aufzuführen.

**Biologisch arbeitende Tabakanbauer**

Alle biologisch arbeitenden Tabakanbauer müssen die spezifischen Produktions- und Qualitätsanforderungen des biozertifizierten Tabakproduktionsprogramms und -vertrags der SFNTC erfüllen. Jeder Erzeuger muss durch einen USDA-akkreditierten Zertifizierer biozertifiziert sein, der eine jährliche Kontrolle des biologischen Betriebs und Betriebssystemplans durchführt. Weiterhin muss der SFNTC zusammen mit der jährlichen Vertragserneuerung eine Kopie des Biozertifikats vorgelegt werden.

Das jedem Farmer ausgestellte und der SFNTC vorgelegte Zertifikat wird von den Quality Certification Services (QCS) erteilt und bestätigt, dass der Farmer die strengen Normen für die *Biozertifizierung* erfüllt.

Auf dem Zertifikat steht vermerkt, dass die QCS im Rahmen des National Organic Program des USDA und des Programms zur Zertifizierung der Einhaltung des ISO Guide 65 auf der Grundlage einer Prüfung der Anwendungen und Aufzeichnungen des Anbauers und einer Kontrolle seiner Felder, Anlagen und Prozesse festgestellt hat, dass der Anbauer die angemessenen und anwendbaren Normen von biologischer Produktion, Handhabung und Verarbeitung erfüllt oder übertrifft. Mit Vorlage dieses Zertifikats garantiert der zertifizierte Betrieb, dass er die biologischen Normen des National Organic Program des USDA vollständig erfüllt.

Auf jedem Zertifikat sind eine Kennnummer und das Gültigkeitsdatum aufgeführt. Darüber hinaus sind darauf die Größe der Anbaufläche und die Pflanzenarten (biologisch angebauter Tabak und biologisch gezogene Tabaksetzlinge, je nachdem, was zutreffend ist) vermerkt.

**Externe Annahme- und Lagervertragsunternehmer**

Beim Empfang und Kauf von biologisch angebautem Tabak von unseren Farmern durch einen unserer externen Unternehmer muss jede Quittung anhand von Erzeuger, Vertrags-/Registriernummer, Wiegeschein und Klassen- und Valetzertifikat sowie durch Abstreichen der Erzeugerliste verifiziert werden. Vor dem Empfang und der Handhabung von biologisch angebautem Tabak haben unsere externen Unternehmer unsere standardisierten biologischen Arbeitsabläufe zu beachten; sie müssen alle Arbeitsbereiche, einschließlich des Annahmebereichs, der Abfertigungsausrüstung, des Waage- und Transportsystems und des Inventar-/Lagerbereichs, reinigen. Daneben sind die standardisierten Arbeitsabläufe zu befolgen, und die Checkliste ist zu überprüfen und an einem dafür bestimmten Ort aufzubewahren.

Externe Vertragsunternehmer für Entrippungsstationen

Beim Empfang des biologisch angebauten Tabaks der SFNTC hat der Unternehmer den Tabaklieferanten, den Erzeuger, den Wiegeschein, die Klasse und die Losnummer zu verifizieren. Vor dem Empfang, der Handhabung und der Verarbeitung von Rohtabak muss der Unternehmer sorgfältig die Reinigungsverfahren und die Checkliste der standardisierten Arbeitsabläufe befolgen. Jegliche für den Losdurchlauf des biologisch angebauten Tabaks vorgesehene Produktionsausrüstung ist zu reinigen. Jeder Abschnittskontrolleur muss mittels der Checkliste, die zu unterzeichnen und zu datieren ist, bestätigen, dass die standardisierten Arbeitsabläufe durchgeführt wurden. Alle erforderlichen Aufzeichnungen zur biologischen Produktion, einschließlich der endgültigen Produktlosnummern und des Ertrags, sind gewissenhaft zu führen.

**Mischungsbearbeiter der SFNTC**

Wenn wir in unserer eigenen Anlage biologisch angebauten Tabak von unseren Farmern erhalten, verifizieren wir, genau wie unsere externen Unternehmer, sorgfältig die Bezugsquelle, den Erzeuger, die Vertrags-/Registriernummern, das Gewicht und die Klasse. Vor dem Losdurchlauf des biologisch angebauten Tabaks müssen unsere Bearbeiter die Reinigungsverfahren und die Checkliste der standardisierten Arbeitsabläufe gewissenhaft befolgen und den Bereitstellungsbereich und die gesamte für den Einsatz im Losdurchlauf vorgesehene Produktionsausrüstung gründlich reinigen. Jeder Abschnittskontrolleur muss mittels der Checkliste bestätigen, dass die standardisierten Arbeitsabläufe durchgeführt wurden. Unsere Bearbeiter müssen gewissenhaft alle erforderlichen Aufzeichnungen zur biologischen Produktion führen, einschließlich der endgültigen Produktlosnummern und des Ertrags.

**Personal der SFNTC im Bereich loser biologisch angebauter Tabak**

Unser Personal hat die Quelle des biologisch angebauten Tabaks mittels Losnummer und Produktionsplan zu verifizieren. Vor dem Tabak-Losdurchlauf muss unser Personal gewissenhaft die standardisierten Arbeitsabläufe und die Reinigungs-/Vorbereitungs- und Checklistenverfahren befolgen und dabei die Reinigung von Bereitstellungsbereichen sicherstellen, wobei ausschließlich dedizierte/gekennzeichnete Bearbeitungseinheiten zu nutzen sind. Die Arbeitsplätze werden gründlich manuell gereinigt und die biologischen Verpackungsmaterialien werden überprüft. Es ist unerlässlich, dass Produktionsaufzeichnungen geführt und alle biologisch angebauten Produkte mit einer Losnummer versehen und die Produktionseinheiten aufgestellt werden; so sind zum Beispiel Beutel, Beutelanzeige und Packkarton zu kennzeichnen.

### Zigarettenmaschinenbediener der SFNTC

Vor Beginn eines Durchlaufs von Zigaretten aus biologisch angebautem Tabak befolgen die Maschinenbediener der SFNTC gewissenhaft die standardisierten Arbeitsabläufe, die Reinigungsverfahren und die Checkliste, wobei sie die Bereitstellungsbereiche des biologisch angebauten Tabaks, die Zigarettenmaschineneinheiten, Verpackungs- und Endverpackungsbereiche gründlich reinigen. Massengutbehälter und Zigarettenschalen werden als „biologisch" gekennzeichnet, einschließlich aller Bearbeitungsausrüstungen und Annahmebereiche.

Die Sorten der aus biologisch angebautem Tabak hergestellten Zigaretten (Normal, Light, Ultralight usw.), der Bruttotabak und die endgültigen nettoverpackten Einheiten werden sorgfältig nach Art, Verpackung und Losnummer protokolliert.

### Bioerfüllungs-/Zolllagermitarbeiter der SFNTC

Nach dem Empfang der verpackten, aus biologisch angebautem Tabak hergestellten Endprodukte lagern die Lagermitarbeiter der SFNTC die Produkte bis zur abschließenden Aufbereitung und bis zum Versand in einem deutlich ausgezeichneten Bereich. Auf alle Versandpapierlisten, SKU, Mengenangaben und Losnummern wird Garantie gegeben.

### Interne SFNTC- und systemweite Bioschein-Inspektionen

Als Teil der allgemeinen unternehmensweiten Qualitätssicherungs- und Biointegritätsprogramme führt das SFNTC-Personal Bioschein-Inspektionen des gesamten Produktionssystems für Produkte aus biologisch angebautem Tabak unter Verwendung der SFNTC-Rückrufsystemprotokolle durch.

Die Bioschein-Inspektionen werden ein- bis zweimal jährlich während der entscheidenden biologischen Produktionsdurchläufe durchgeführt. Alle Produktionseinheiten sind in den Rückrufprozess einbezogen und nehmen daran teil, angefangen beim landwirtschaftlichen Betrieb über das End- bis zum versandten Produkt.

Nach jeder Schein-Inspektion erstattet ein Gruppenleiter dem Leiter des biologischen Programms Bericht, damit dieser den Bericht überprüfen und bei Bedarf Abhilfemaßnahmen ergreifen kann. Während der Jahresinspektion wird eine Kopie dieses Berichts und der ergriffenen Abhilfemaßnahmen dem Biokontrolleur zur Verfügung gestellt.

Die SFNTC hat auf der Grundlage von Losnummern, Lieferscheinen und Kundenrechnungen ein vollständiges Belegsammlungssystem eingeführt, das sich vom gekauften biologisch angebauten Tabak über das Endprodukt bis hin zum versandten Tabakprodukt aus biologischem Anbau erstreckt. Alle standardisierten Arbeitsabläufe werden ausführlich protokolliert, und mittels Checklisten wird sichergestellt, dass es zu keiner Kontaminierung und/oder Vermischung der biologisch angebauten und hergestellten Produkte kommt.

**Tabakfremde Fragen**

Die SFNTC bietet den Zertifizierern auch Informationen zu nicht biologischen Zutaten wie Zigarettenfiltern und Verfahrenshilfen. Diese umfassen Zutaten und Verfahrenshilfen,

Spezifikationen, Sicherheitsdatenblätter und Beilagen, die nichts mit den Zutaten zu tun haben. Ferner beinhalten diese auch Erklärungen und Dokumentationen eines jeden Lieferanten.

Für externe Lieferanten, die biologisch angebauten Tabak verarbeiten, stellt die SFNTC eine Broschüre zur Verfügung, in der unsere Anforderungen an die Verarbeitung unseres Tabaks aufgeführt sind. Wir möchten die Mehrzahl der Fragen beantworten, die bei der Verarbeitung unseres Tabaks auftreten können, und den Verarbeitern klare und spezifische Anweisungen zur Erfüllung unserer Erwartungen geben. Im Fall von Fragen bitten wir jedoch auch um persönliche Kommunikation. Der Plan beschreibt ausführlich den gesamten Prozess sowie alle Anforderungen, Richtlinien und Qualitätsnormen.

# United States Department of Agriculture – National Organic Program

Das United States Department of Agriculture (USDA) ist das Ministerium, das den biologischen Anbau und die biologische Verarbeitung und Herstellung von Produkten in Amerika regelt. Auf den folgenden Seiten umreißen wir kurz, warum es nationale biologische Normen gibt, beschreiben die Rolle des USDA und erläutern den Standpunkt des USDA zur Produktion, Handhabung und Zertifizierung. Darüber hinaus werden wir die Rolle der Zertifizierungsbeauftragten sowie die Biokennzeichnung und -vermarktung beleuchten. Farmer in den Vereinigten Staaten begannen vor mehr als 60 Jahren mit der Entwicklung biologischer Anbausysteme. Und obwohl die Beliebtheit von biologisch angebauten Produkten nur langsam anstieg, wachsen die Märkte für diese Produkte heute sehr schnell.

Der U. S. Congress verabschiedete den Organic Foods Production Act von 1990. Das Gesetz verlangte vom USDA die Entwicklung nationaler Normen für biologisch produzierte Landwirtschaftsprodukte, um sicherzustellen, dass als biologisch vermarktete Landwirtschaftsprodukte übereinstimmende und einheitliche Normen erfüllen. Das Gesetz von 1990 führte zu Vorschriften, die verlangen, dass Landwirtschaftsprodukte, die als biologisch gekennzeichnet sind, aus Betrieben oder Unternehmen stammen müssen, die von einem staatlichen oder privaten Organ zertifiziert wurden, das von der USDA akkreditiert ist.

2001 wurde das National Organic Program des USDA ins Leben gerufen. Das Programm war das Ergebnis vieler Jahre harter Arbeit und der stetigen Bemühungen der Biobranche, Erzeuger, Hersteller, Fachgruppen, Regierung und – nicht zu vergessen – der Verbraucher von biologisch angebauten Produkten.

Die Verwaltung des National Organic Program unterliegt dem Agricultural Marketing Service des USDA. Das National Organic Standards Board – eine breit gefächerte Beratergruppe aus 15 Mitgliedern, die vom Secretary of Agriculture, einem Mitglied des Kabinetts des Präsidenten, bestellt werden, ist damit beauftragt,

Informationen und einschlägige Beratung beizusteuern.

Die einheitlichen Normen des National Organic Program des USDA haben weiteres Wachstum auf dem Gebiet der biologischen Landwirtschaft bewirkt, die früher von jedem Bundesstaat einzeln und ohne ein einheitliches Regelwerk reguliert wurde. Die Normen haben gleiche Rahmenbedingungen für alle geschaffen und das Wachstum beschleunigt. Die biologischen Normen des USDA umfassen bearbeitungstechnische, biologische und mechanische Verfahren, Ressourcenumlauf, ökologisches Gleichgewicht und biologische Vielfalt – Themen, die sich in den letzten 50 Jahren entwickelt haben. „Die Vorschriften des National Organic Program sind flexibel genug, um die breite Palette von Betrieben und Produkten, die in jeder Region der Vereinigten Staaten angebaut und gezogen werden, abzudecken", so das USDA.

„Eine zunehmende Anzahl von US-Farmern wendet sich diesen Systemen zu, um die Produktionsmittelkosten zu senken, sparsam mit nicht erneuerbaren Ressourcen umzugehen, hochwertige Märkte zu erobern und das Betriebseinkommen zu erhöhen", erklärt das USDA. Laut Schätzungen des USDA haben die Farmer und Viehzüchter zwischen 1995 und 2003, trotz der Zeit, Kosten und Anstrengungen, die zur Erfüllung dieser strikten Anforderungen erforderlich sind, das für Hauptkulturpflanzen und Weideflächen ausgewiesene biologisch zertifizierte Land um mehr als 400.000 Hektar ausgeweitet und somit die biologischen Weideflächen verdoppelt und die biologischen Ackerflächen für Hauptkulturpflanzen mehr als verdoppelt.

Im Jahr 2003 betrug die für alle biologischen Nutzpflanzen und Weiden ausgewiesene biozertifizierte Gesamtfläche knapp 900.000 Hektar. Bis 2008 ist dieser Wert auf 1,5 Mio. Hektar gestiegen und der gesamte Biomarkt der USA übersteigt jetzt 20 Milliarden US-Dollar jährlich.

„Systeme der biologischen Landwirtschaft", heißt es aus dem USDA, „setzen auf ökologisch basierte Verfahren wie biologische Schädlingsbekämpfung und Kompostierung, schließen den Einsatz von synthetischen Chemikalien, Antibiotika und Hormonen bei der Nutzpflanzenproduktion nahezu aus und verbieten die Verwendung von Antibiotika und Hormonen in der Viehzucht. In den Systemen der biologischen Landwirtschaft werden die grundlegenden Bestandteile und natürlichen Prozesse von Ökosystemen – wie zum Beispiel Aktivitäten von Bodenorganismen, Nährstoffumlauf und Artenverteilung und -konkurrenz – als Werkzeuge zur Betriebsführung eingesetzt."

Die nationalen biologischen Normen befassen sich mit den Methoden, Verfahren und Substanzen, die bei der Produktion und Handhabung von Kulturpflanzen angewendet werden.

„Obwohl wir erwarten, dass die Verbrauchernachfrage nach biologisch angebauten Nahrungsmitteln in den Vereinigten Staaten und anderen Hauptmärkten weiterhin rasch zunehmen wird, wird die Konkurrenz für diese Märkte wahrscheinlich erheblich ansteigen", erklärt das USDA. Seit 2002 hat das USDA mehr als 40 Einrichtungen im Ausland sowie ungefähr 50 Gruppen in den Vereinigten Staaten akkreditiert.

**Normen des USDA für den biologischen Pflanzenanbau**

Die Produktions- und Handhabungsnormen befassen sich mit der biologischen Pflanzenproduktion, Wildpflanzenernte, biologischen Viehzucht und -verarbeitung sowie Handhabung biologisch angebauter landwirtschaftlicher Produkte.

Die Normen zur biologischen Pflanzenproduktion schreiben Folgendes vor:

Vor dem Einbringen einer Ernte aus biologisch angebauten Pflanzen dürfen auf dem Land für mindestens drei Jahre keine verbotenen Substanzen verwendet werden.

Die Bodenfruchtbarkeit und die Konzentration der Pflanzennährstoffe werden durch Bodenbestellungs- und Bodenkultivierungsverfahren, Fruchtfolge und Zwischenfrüchte, ergänzt durch tierische und pflanzliche Abfälle und zugelassene künstliche Stoffe, geregelt.

Pflanzenschädlinge, Unkräuter und Krankheiten werden vorrangig mittels geeigneter Vorgehensweisen, einschließlich physikalischer, mechanischer und biologischer Bekämpfung, in Schach gehalten. Wenn diese Vorgehensweisen nicht ausreichend sind, kann eine zum Gebrauch zugelassene biologische, botanische oder synthetische Substanz aus der Nationalen Liste zugelassener synthetischer und verbotener nicht synthetischer Substanzen verwendet werden.

Die Verwendung von Samen und anderem Pflanzmaterial

aus biologischem Anbau ist bevorzugt, ein Landwirt kann jedoch in bestimmten Situationen Samen und Pflanzmaterial aus nicht biologischem Anbau benutzen.

Der Einsatz von Genmanipulation (die zu den ausgeschlossenen Methoden zählt), ionisierender Strahlung und Klärschlamm ist verboten.

**Biologische Handhabungsnormen des USDA**

Die Handhabungsnormen schreiben Folgendes vor:

Alle nicht landwirtschaftlichen Inhaltsstoffe, egal ob synthetisch oder nicht synthetisch, müssen in der Nationalen Liste zugelassener synthetischer und verbotener nicht synthetischer Substanzen enthalten sein.

Die Bearbeiter müssen die Vermischung von Produkten aus biologischem Anbau mit solchen aus konventionellem Anbau verhindern und Produkte aus biologischem Anbau vor dem Kontakt mit verbotenen Substanzen schützen.

In einem als „biologisch" gekennzeichneten verarbeiteten Produkt müssen alle landwirtschaftlichen Inhaltsstoffe auf biologische Weise produziert worden sein, sofern sie nicht in biologischer Form im Handel erhältlich sind.

Der biologische Anbau von Pflanzen erfolgt ohne den Einsatz der meisten konventionellen Pestizide, erdölbasierten Düngemittel und auf Klärschlamm basierten Düngemittel. Die in einem Betrieb biologisch gehaltenen Tiere müssen mit biologischem Futter gefüttert werden und Zugang ins Freie haben. Ihnen dürfen keine Antibiotika oder Wachstumshormone verabreicht werden.

## Kennzeichnungsnormen des USDA

Die Kennzeichnungsnormen basieren auf dem Anteil an biologischen Inhaltsstoffen in einem Produkt. Produkte, die als „100 percent organic" (100 Prozent biologisch) gekennzeichnet sind, dürfen ausschließlich biologisch produzierte Inhaltsstoffe enthalten. Produkte, die als „organic" (biologisch) gekennzeichnet sind, müssen zu mindestens 95 Prozent aus biologisch produzierten Inhaltsstoffen bestehen. Produkte, die die Anforderungen für „100 percent organic" und „organic" erfüllen, dürfen das Biosiegel des USDA tragen.

Auf verarbeiteten Produkten, die mindestens 70 Prozent biologische Inhaltsstoffe enthalten, darf die Formulierung „made with organic ingredients" (aus biologischen Inhaltsstoffen hergestellt) angebracht werden; darüber hinaus können bis zu drei der biologischen Inhaltsstoffe oder Nahrungsmittelgruppen auf dem Hauptetikett aufgeführt werden. So kann eine Suppe aus mindestens 70 Prozent biologischer Inhaltsstoffe und ausschließlich Biogemüse entweder als „hergestellt aus biologischen Erbsen, Kartoffeln und Möhren" oder „hergestellt aus biologischem Gemüse" gekennzeichnet werden. Das Biosiegel des USDA darf auf keinen Fall auf der Verpackung verwendet werden.

Verarbeitete Produkte, die weniger als 70 Prozent biologische Inhaltsstoffe enthalten, dürfen die Formulierung „organic" (biologisch), außer zur Angabe der speziellen biologisch produzierten Inhaltsstoffe in der Liste der Inhaltsstoffe, nicht verwenden.

„Personen, die bewusst ein Produkt, das nicht gemäß

den Vorschriften des National Organic Program produziert oder gehandhabt wird, als ein biologisches Produkt verkaufen oder kennzeichnen, können für jeden Verstoß mit einer Geldstrafe von bis zu 10.000 US-Dollar belegt werden", so das USDA.

**Zertifizierungsnormen des USDA**

Das USDA akkreditiert staatliche, private und ausländische Einrichtungen oder Personen als „Zertifizierungsbeauftragte". Zertifizierungsbeauftragte bestätigen, dass die biologischen Produktions- und -verarbeitungsverfahren die nationalen Normen erfüllen.

**Wer oder was muss zertifiziert werden?**

Betriebe oder Teilbetriebe, die Landwirtschaftsprodukte produzieren oder verarbeiten, die als „100 percent organic" (100 Prozent biologisch), „organic" (biologisch) oder „made with organic ingredients" (aus biologischen Inhaltsstoffen hergestellt) verkauft, gekennzeichnet oder angeboten werden sollen, und Nahrungsmittelgruppe(n) müssen zertifiziert werden.

**Wie werden Farmer und Unternehmer zertifiziert?**

Ein Antragsteller muss einem akkreditierten Zertifizierungsbeauftragten spezifische Informationen vorlegen. Diese Informationen müssen Folgendes enthalten:

die Art des zu zertifizierenden Betriebs

eine Aufstellung der in den letzten drei Jahren auf dem Land verwendeten Substanzen die angebauten, gezogenen oder verarbeiteten biologischen Produkte

den biologischen Systemplan – das ist ein Plan, der die bei der Produktion eingesetzten Verfahren und Substanzen beschreibt. Aus dem Plan müssen ferner die Kontrollverfahren, die zur Verifizierung der erfolgreichen Umsetzung des Plans durchzuführen sind, sowie das Dokumentationssystem und die Verfahren zur Verhinderung der Vermischung von Produkten aus biologisch kontrolliertem und nicht biologisch kontrolliertem Anbau und zur Verhinderung des Kontakts von Produkten mit verbotenen Substanzen hervorgehen.

Personen, die um eine Zertifizierung ersuchen, müssen für einen Zeitraum von fünf Jahren nach der Zertifizierung genaue Aufzeichnungen über die Produktion, Ernte und Handhabung von landwirtschaftlichen Produkten, die als Produkte aus biologischem Anbau verkauft werden sollen, führen.

Diese Aufzeichnungen müssen belegen, dass der Betrieb die Vorschriften erfüllt, und die dem Zertifizierungsbeauftragten gegebenen Informationen bestätigen. Bevollmächtigten des USDA, einschließlich des Zertifizierungsbeauftragten, muss Zugang zu diesen Aufzeichnungen gewährt werden.

Erzeuger und Be-/Verarbeitungsbetriebe, die biologisch angebaute landwirtschaftliche Produkte im Wert von weniger als 5.000 US-Dollar pro Jahr verkaufen, sind von der Zertifizierungsanforderung befreit; diese Produkte können jedoch nicht von kommerziellen biologischen Herstellern verwendet werden. Sie können ihre Produkte als Produkte aus biologischem Anbau kennzeichnen, wenn sie die Normen einhalten, dürfen jedoch nicht das Biosiegel des USDA verwenden. Einzelhändler wie Lebensmittelgeschäfte und Restaurants müssen nicht zertifiziert werden.

**Bioakkreditierungsnormen des USDA**

*Akkreditierungsnormen* legen die Anforderungen fest, die ein Antragsteller zu erfüllen hat, um ein vom USDA akkreditierter Zertifizierungsbeauftragter zu werden. Die Normen sind so gestaltet, dass ein einheitliches und unparteiliches Vorgehen aller Biozertifizierungsbeauftragten gewährleistet wird. Erfolgreiche Antragsteller stellen erfahrenes Personal ein, stellen ihr Fachwissen bei der Zertifizierung von Erzeugern und Bearbeitern unter Beweis, vermeiden Interessenkonflikte und bewahren strenge Vertraulichkeit. Die Zertifizierung muss alle fünf Jahre erneuert werden.

Importierte landwirtschaftliche Produkte können in den Vereinigten Staaten verkauft werden, wenn diese von USDA-akkreditierten Zertifizierungsbeauftragten zertifiziert wurden. Importierte Produkte müssen die Normen des National Organic Program erfüllen. Das USDA hat in mehreren Ländern Zertifizierungsbeauftragte akkreditiert.

„Anstelle einer USDA-Akkreditierung kann eine ausländische Einrichtung auch im Rahmen einer so genannten ‚Anerkennungsvereinbarung' akkreditiert werden, wenn das USDA ‚anerkennt', dass die Regierung des betreffenden Landes in der Lage ist, Zertifizierungsbeauftragte hinsichtlich der Erfüllung der Anforderungen des National Organic Program zu bewerten und zu akkreditieren", so das USDA.

**Wer ist von den Normen betroffen?**

Alle landwirtschaftlichen Betriebe, Wildpflanzenernte- oder Bearbeitungsunternehmen, die ein landwirtschaftliches Produkt als biologisch produziertes Produkt verkaufen möchten, müssen die nationalen biologischen Normen einhalten. Zu den

Bearbeitungsunternehmen zählen Verarbeiter und Hersteller. Diese Anforderungen umfassen den Betrieb nach einem seitens eines Zertifizierungsbeauftragten zugelassenen biologischen Systemplan und die ausschließliche Verwendung von Materialien gemäß der Nationalen Liste zugelassener und verbotener Substanzen. Unternehmen, die biologisch angebaute landwirtschaftliche Produkte im Wert von weniger als 5.000 US-Dollar pro Jahr verkaufen, sind von der Zertifizierungsanforderung und der Pflicht zur Erstellung eines biologischen Systemplans befreit; sie müssen jedoch in Übereinstimmung mit diesen Vorschriften arbeiten, um die Produkte als biologisch kennzeichnen zu dürfen. Lebensmitteleinzelhändler, die landwirtschaftliche Produkte aus biologischer Produktion verkaufen, benötigen keine Zertifizierung, viele von ihnen sind jedoch zertifizierte Unternehmer.

Die einzige Ausnahme bildet gegenwärtig die Produktion von Fischen und Meeresfrüchten. Bis das NOP Normen für Fische und Meeresfrüchte entwickelt, können die einschlägigen Betriebe nach anderen privaten Normen zertifiziert werden.

**Bioinspektions- und -zertifizierungsprozess des USDA**

Zertifizierungsbeauftragte prüfen die Anträge auf Zertifizierungseignung. Ein qualifizierter Kontrolleur führt eine Vor-Ort-Inspektion des Betriebs des Antragstellers durch. Inspektionen werden so angesetzt, dass der Kontrolleur die zur Produktion und Handhabung von Produkten aus biologischem Anbau verwendeten Verfahren beobachten und mit einer sachkundigen Person über den Betrieb sprechen kann.

Der Zertifizierungsbeauftragte prüft die vom Antragsteller eingereichten Informationen und den Bericht des Kontrolleurs. Wenn aus diesen Informationen hervorgeht, dass der Antragsteller die einschlägigen Normen und Anforderungen erfüllt, gewährt der Zertifizierungsbeauftragte die Zertifizierung und stellt ein Zertifikat aus. Die Zertifizierung bleibt in Kraft, bis sie entweder vom Landwirt freiwillig aufgegeben oder diesem zwangsweise entzogen wird.

In jedem zertifizierten Betrieb werden jährliche Inspektionen durchgeführt, und dem Zertifizierungsbeauftragten werden vor Durchführung dieser Inspektionen jährliche Aktualisierungen der Informationen mitgeteilt. Zertifizierungsbeauftragte müssen vom Erzeuger oder Unternehmer umgehend von jeglichen Veränderungen unterrichtet werden, die die Einhaltung der Vorschriften durch den Betrieb betreffen, wie zum Beispiel den Einsatz von verbotenen Pestiziden auf einem Feld.

**Prüfung der Einhaltung der Vorschriften und Durchsetzungsmaßnahmen**

Die Vorschriften geben dem USDA oder dem Zertifizierungsbeauftragten das Recht, zur angemessenen Durchsetzung der Vorschriften jederzeit unangekündigte Inspektionen durchzuführen. Zertifizierungsbeauftragte und USDA können zudem vor oder nach der Ernte Tests durchführen, wenn es Grund zur Annahme gibt, dass ein landwirtschaftliches Produktionsmittel oder Produkt in Kontakt mit einer verbotenen Substanz gekommen ist oder unter Verwendung einer ausgeschlossenen Methode produziert wurde.

**Biologische Landwirtschaft**

Die offizielle Definition der biologischen Produktion laut USDA: Ein Produktionssystem, das vorschriftsmäßig gemäß dem Organic Foods Production Act verwaltet wird und bei dem durch die Einbindung von anbautechnischen, biologischen und mechanischen Verfahren, die ökologisches Gleichgewicht fördern und die biologische Vielfalt erhalten, auf standortspezifische Bedingungen eingegangen wird.

**National Organic Program**

Die offizielle Definition des USDA lautet: Das National Organic Program ist der Agricultural Marketing Service des USDA. Es reguliert die amerikanischen Bundesvorschriften bezüglich der biologischen Normen und der Biozertifizierung.

# Quellen für den biologisch arbeitenden Tabakanbauer

**Santa Fe Natural Tobacco Company**

**Leaf Department (Hauptansprechpartner für den Tabakanbauer)**
Fielding Daniel, Director
Randal Ball, Manager
105 West Street
Oxford, North Carolina 27565
+1 919 6901905
Herstellungsbetrieb
3220 Knotts Grove Road
Oxford, North Carolina 27565
+1 919 6900880
Geschäftsräume/Hauptgeschäftsstelle/Verwaltung
One Plaza La Prensa
Santa Fe, New Mexico 87507
+1 505 9824257
www.sfntc.com

**Carolina Farm Stewardship Association**

Die Carolina Farm Stewardship Association (CFSA) wurde 1979 ins Leben gerufen. Sie ist eine von Farmern betriebene, gemeinnützige Organisation, die sich zum Ziel gesetzt hat, Farmer, Verbraucher und Unternehmen in North Carolina und South Carolina zu inspirieren, aufzuklären und zu organisieren, um ein nachhaltiges regionales Lebensmittelsystem zu entwickeln, das von Vorteil für die Farmer und Landarbeiter, von Vorteil für die Verbraucher und von Vorteil für die Umwelt ist.

Die CFSA entwickelte die ersten Biozertifizierungsnormen für Farmen in North und South Carolina und verwaltete diese Normen bis zur Gründung des National Organic Program des USDA. Die Organisation dient als Netzwerk für Einzelpersonen und Organisationen, die an nachhaltigen Lebensmittelsystemen interessiert sind. Zu den Aktivitäten der CFSA zählt Folgendes:

Bildungs- und Vernetzungsmöglichkeiten für Farmer und Lebensmittelaktivisten wie die jährliche Sustainable Agriculture Conference, die größte mehrtägige Konferenz zur nachhaltigen Landwirtschaft in der Region der südöstlichen Atlantikküste.

Verbraucherkontaktarbeit, wie zum Beispiel regionale Farmbesichtigungen, das größte Programm zur Farmbesichtigung in den USA.

Projekte zur Entwicklung der Infrastruktur, die den Farmern den Zugang zu regionalen Großhandelsmärkten erleichtern – wie die Gründung von Eastern Carolina Organics, der jetzt ein unabhängiger, äußerst erfolgreicher, Farmer-eigener, gewinnorientierter Großhändler von in North Carolina biologisch gezogenen Produkten ist.

Projekte zur Entwicklung gemeinschaftlicher Nahrungsmittelsysteme – wie das Farm Incubator Program, das die Gemeinden in North und South Carolina bei der Gründung von Lehrbauernhöfen unterstützt, auf denen Menschen ohne Erfahrung in der Landwirtschaft handfeste Produktions- und Vertriebserfahrungen sammeln können, die unerlässlich für den erfolgreichen Start ihrer eigenen Landwirtschaftsunternehmen sind.

Kontakt:
PO Box 448
Pittsboro, North Carolina 27312
Tel.: +1 919 5422402
Fax: +1 919 5427401
www.carolinafarmstewards.org

**Agrisystems International**
**Berater des biologischen Programms der SFNTC**

Agrisystems International – Unternehmensberater, die sich auf die Entwicklung von biologischen Produktionssystemen für Landwirtschaftsbetriebe, Hersteller und Vertriebskanäle spezialisiert haben. Bietet Erzeugern Unterstützung bei der Vorbereitung auf die Kontrolle und Zertifizierung biologischer Anbausysteme. Bietet ferner Dokumentenerstellung und -einreichung sowie Etiketten-, Inhaltsstoff- und Material- und Belegsammlungsprüfungen an. Bietet Vor-Ort-Bewertung und -Schulungen an. Agrisystems International stellt der SFNTC biologische Beratungsdienste zur Verfügung.

Kontakt:
Thomas B. Harding, Jr.

President
Agrisystems International
125 West 7<sup>th</sup> Street
Wind Gap, Pennsylvania 18091
Tel.: +1 610 8636700
Fax: +1 610 8634622

**Cooperative Extension Service**

Ein nationales Netzwerk aus „Land Grant"-Universitäten und dem U. S. Department of Agriculture. *(Siehe die Extension Services der einzelnen US-Bundesstaaten. Hier sind die Informationen zum Programm von North Carolina aufgeführt.)*

Der Cooperative Extension Service von North Carolina ist im College of Agriculture and Life Sciences angesiedelt und gibt über die lokalen Zentren in den 100 Countys des Bundesstaats und in der Cherokee-Reservation Farmern sowie der Öffentlichkeit Zugang zu Informationen und Fachwissen. Er ist Teil eines nationalen Netzwerks aus „Land Grant"-Universitäten, darunter die North Carolina State University und die North Carolina Agriculture & Technical State University, und dem U. S. Department of Agriculture.

In North Carolina und bundesweit bieten die Cooperative Extension Services Bildungsprogramme in fünf Bereichen an:

Nachhaltige Land- und Forstwirtschaft
Umweltschutz
Aufrechterhaltung lebensfähiger Gemeinden
Aufbau einer verantwortungsbewussten Jugend
Entwicklung von starken, gesunden und sicheren Familien

Wie in vielen anderen Bundesstaaten sind die County

Agents in den über das ganze Land verstreuten County-Zentren eine Anlaufstelle für Anbauer und Fachkräfte, die an den „Land Grant"-Universitäten des Bundeslandes arbeiten. Die Agents klären die Öffentlichkeit im Rahmen von Versammlungen und Workshops, Field Days, persönlichen Beratungen und Satellitenübertragungen auf. Sie stellen auch diverse Veröffentlichungen, Newsletters, Computerprogramme, Videos und anderes Bildungsmaterial zur Verfügung.

> Kontakt:
> Konsultieren Sie einen County Extension Service Agent oder den
> North Carolina State University
> Agriculture & Resources Economics
> North Carolina Cooperative Extension Service
> Box 8109
> Raleigh, North Carolina 27695-8109
> Tel.: +1 919 5153107
> Fax: +1 919 5156268
> www.ag-econ.ncsu.edu/extension
> North Carolina Agriculture & Technical State University
> 1601 East Market Street
> Greensboro, North Carolina 27411
> Tel.: +1 336 3347500
> www.ncat.edu

**Quality Certification Services (QCS)**

Die QCS bieten Biozertifizierungsdienste an, die im Rahmen des National Organic Program des USDA und gemäß dem ISO Guide 65 des USDA akkreditiert sind. Die QCS zertifizieren den biologischen Tabakanbau. Sie zertifizieren auch „Wildcrafting" (die Ernte von Pflanzen in deren natürlichem Lebensraum oder in der Wildnis) sowie Viehwirtschafts-, Verarbeitungs-, Verpackungs- und Bearbeitungsvorgänge. Die QCS zertifizieren eine breite Palette an biologischen Unternehmen, unabhängig von ihrer Art, Lage oder Größe.

**Überblick über den Biozertifizierungsprozess**

Wenn sich ein Unternehmen für die Biozertifizierung durch die QCS entscheidet, ist der erste Schritt im Zertifizierungsprozess die Bestellung der Zertifizierungsbewerbungsunterlagen. Diese Unterlagen enthalten das QCS-Zertifizierungshandbuch, das aktuelle Handbuch der bei der biologischen Produktion erlaubten, beschränkten und verbotenen Stoffe des Organic Materials Review Institute und die Bewerbungsformulare für die Zertifizierung. Die Zertifizierungsbewerbungsunterlagen sind gegen eine einmalige Gebühr von 25 US-Dollar erhältlich und können vom QCS-Büro schriftlich unter Angabe der Art der Unterlagen (Pflanzenanbau, Viehwirtschaft oder Verarbeiter-Unternehmer-Verpacker) und mit einem beigefügten Scheck oder einer Zahlungsanweisung über 25 US-Dollar bestellt werden.

Nachdem die ausgefüllten Bewerbungsunterlagen gemeinsam mit den entsprechenden Dokumentationen und Zertifizierungsgebühren beim QCS-Büro eingetroffen sind, dauert der Zertifizierungprozess normalerweise zwischen sechs und zwölf Wochen.

Zuerst wird die Bewerbung von einem QCS-Zertifizierungskoordinator auf Vollständigkeit und grundlegende Einhaltung der biologischen Normen geprüft. Falls erforderlich, wird der Antragsteller gebeten, ergänzende Informationen oder Unterlagen einzureichen.

Danach wird die Bewerbung an einen unabhängigen Kontrolleur weitergeleitet, der dann den Antragsteller kontaktiert, um eine Inspektion des Landwirtschaftsbetriebs oder der Anlage festzulegen.

Nach erfolgter Inspektion und Einreichung des Inspektionsberichts seitens des Kontrolleurs bei den QCS beginnt die letzte Phase des Biozertifizierungsprozesses. QCS-Zertifizierungskoordinatoren prüfen nochmals die Bewerbungsunterlagen, sammeln dabei die notwendigen Informationen und fällen eine Entscheidung über die Zertifizierung. Falls genehmigt, wird dann dem Antragsteller ein Zertifikat ausgestellt.

Kontakt:
PO Box 12311
Gainesville, Florida 32604
+1 352 3770133
www.qcsinfo.org

**United States Department of Agriculture (USDA)**

Für weitere Einzelheiten siehe Kapitel 8, United States Department of Agriculture und das National Organic Program. Ausgehend von einer stichhaltigen öffentlichen Politik, den aktuellsten wissenschaftlichen Erkenntnissen und einem effizienten Management hat das USDA eine Leitfunktion für Themen wie Nahrungsmittel, Landwirtschaft, Naturressourcen und verwandte Fragen inne. Das USDA bemüht sich, das zur Führung eines sich rasch entwickelnden Nahrungsmittel- und Landwirtschaftssystems benötigte integrierte Programm bereitzustellen.

Im Rahmen des National Organic Program des USDA werden nationale Produktions-, Handhabungs- und

Kennzeichnungsnormen für landwirtschaftliche Produkte aus biologischem Anbau entwickelt, umgesetzt und verwaltet. Darüber hinaus werden im Rahmen des National Organic Plan die (ausländischen und einheimischen) Zertifizierungsbeauftragten akkreditiert, die die biologische Produktion und die Bearbeitungsvorgänge kontrollieren, um zu bestätigen, dass diese die USDA-Normen erfüllen.

Kontakt:
U. S. Department of Agriculture
1400 Independence Ave., S. W.
Washington, D. C. 20250
www.usda.gov/AMS/NOP

**ATTRA – der National Sustainable Agriculture Information Service**

ATTRA, der National Sustainable Agriculture Information Service, wird vom National Center for Appropriate Technology (NCAT) geleitet und aus Zuschüssen des Rural Business-Cooperative Service des United States Department of Agriculture finanziert. Für weitere Informationen zu nachhaltigen Landwirtschaftsprojekten besuchen Sie bitte die unten angeführte NCAT-Website.

Unabhängig davon, ob Sie ein frischgebackener Landwirt oder ein erfahrener Erzeuger landwirtschaftlicher Produkte sind, der gern auf nachhaltigere Praktiken umsteigen möchte, empfehlen wir Ihnen, mehr über die Prinzipien nachhaltiger Landwirtschaft und einige der damit verbundenen Ansätze zu lernen. Die Publikationen in dieser Reihe stellen Konzepte vor, erörtern diese und geben einen allgemeinen Überblick über die Planung und das Management eines nachhaltigeren Landwirtschaftsunternehmens.

Die Seite enthält die letzten Neuigkeiten zum Thema nachhaltige Landwirtschaft und biologischer Anbau, Veranstaltungen und Förderungsmöglichkeiten. Sie umfasst ausführliche Publikationen zu den Produktionspraktiken, alternativen Pflanzen- und Viehwirtschaftsunternehmen, zu innovativem Marketing, zur Biozertifizierung und zu den interessantesten Aktivitäten auf dem Gebiet der nachhaltigen Landwirtschaft, die auf lokaler, regionaler und Bundesebene vom USDA und anderen Organen durchgeführt werden.

Kontakt:
ATTRA – National Sustainable Agriculture Information Service
PO Box 3657
Fayetteville, Arkansas 72702
+1 800 3469140
www.attra.ncat.org

**North Carolina Department of Agriculture and Consumer Services—Agronomics Division**

Aufgabe der Abteilung ist es, den Einwohnern von North Carolina Diagnose- und Beratungsdienstleistungen zur Verfügung zu stellen, die die landwirtschaftliche Produktivität steigern, die verantwortungsvolle Bodenbewirtschaftung fördern und die Umweltqualität schützen.

Regionale Agrarwissenschaftler bieten Beratungsdienste vor Ort, um die Farmer dabei zu unterstützen, auf kostengünstige und umweltverträgliche Art und Weise etwaige Nährstoff- und Nematodenprobleme zu bewältigen, geeignete agronomische Beprobungsprogramme einzuführen und Bewirtschaftungsempfehlungen umzusetzen.

Agrarwissenschaftler Robin Watson vom North Carolina Department of Agriculture gibt einem Farmer, der Tabak auf biologische Weise anbaut, praktische Hinweise.

13 regionale Agrarwissenschaftler im Bereich Außendienst der Agronomic Division unterstützen die Farmer bei der Bewältigung aller Arten von Fragen zur Pflanzenernährung. Sie besuchen die Farmer vor Ort, geben Hinweise zur Kalk- und Düngemittelauftragung, demonstrieren Techniken zur Entnahme von Stichproben und unterstützen die Farmer bei der Bewältigung von potenziellen Nährstoffproblemen. Die Außendienstabteilung der NCDA&CS Field Services unterstützt Farmer in North Carolina seit nunmehr fast 30 Jahren bei der Bewältigung von Düngemittel- und anderen nährstoffbezogenen Fragen.

Kontakt:
1040 Mail Service Center
Raleigh, North Carolina 27699-1040
Tel.: +1 919 7332655
Fax: +1 919 7332837
www.ncagr.com/agronomi/rahome.htm

**Virginia Department of Agriculture and Consumer Services**

Aufgabe der Abteilung ist die Förderung einer soliden Landwirtschaft und Unterstützung bei der Schaffung von Arbeitsplätzen und Wirtschaftsinvestitionen in Virginias Agrarindustrie. Um diese Aufgabe zu erfüllen, lädt die Abteilung Agrarunternehmen nach Virginia ein und erleichtert die Expansion der vorhandenen Agrarindustrie.

Das 1877 gegründete Ministerium ist für über 60 Gesetze und mehr als 70 Verordnungen in Bezug auf Verbraucherschutz und die Förderung der Landwirtschaft verantwortlich. Das Ministerium befindet sich im Sekretariat des Gouverneurs für Land- und Forstwirtschaft und hat nach Landesgesetz sowohl Wirtschaftsentwicklungs- als auch Regulierungsaufgaben inne.

Angestellte der Behörde arbeiten in mehreren Außendienstbüros des Ministeriums; in den fünf regionalen Labors der Behörde in Warrenton, Lynchburg, Ivor, Harrisonburg und Wytheville; in einem internationalen Büro in Hongkong und im Hauptsitz der Behörde in Richmond.

Die Abteilung arbeitet bei Forschungs-, Bildungs- und Marketingprojekten mit der Virginia State University, Virginia Tech und dem Virginia Cooperative Extension Service zusammen.

Kontakt:
102 Governor Street
Richmond, Virginia 23219
+1 804 7862373
www.vdacs.virginia.gov

**South Carolina Department of Agriculture**

Aufgabe der Abteilung ist die Unterstützung und Förderung des Wachstums und der Entwicklung der Agrarindustrie von South Carolina und mit ihr verbundener Unternehmen bei gleichzeitiger Gewährleistung der Sicherheit der Käufer.

Die Agricultural Services Division besteht aus Agribusiness Development, Marketing and Promotion, State Farmers Markets, Market News Service und Grading and Inspection Program.

Laut dem Ministerium war das Small Farms Program des South Carolina Department of Agriculture das erste seiner Art im ganzen Land. Das Programm bietet kleinen landwirtschaftlichen Familienbetrieben Unterstützung mit Schwerpunkt auf Informationsverbreitung, Empfehlungen und Beratung bei Fragen wie Landerhaltung, alternative Landnutzung und Gemeindeentwicklung. Das Small Farms Program soll kleinen Landwirtschaftsbetrieben helfen, die mit dem Einzelhandelsverkauf bzw. -marketing verbundenen Herausforderungen verstehen zu lernen und Lösungen für ihre speziellen Probleme zu finden. Das Ministerium arbeitet mit verschiedenen Regierungsbehörden und gemeinnützigen Partnern zusammen, um kleinen Landwirtschaftsbetrieben und Marktmanagern Schulungsmaterialien zur Verfügung zu stellen, so dass diese ihre Verkaufs- bzw. Marketingfähigkeiten entwickeln und/oder verbessern können.

Die National Commission on Small Farms definiert kleine

Landwirtschaftsbetriebe als Betriebe mit einem jährlichen Umsatz von weniger als 250.000 US-Dollar. Die Kommission wollte mehr Farmerfamilien mit relativ bescheidenen Mitteln einbeziehen, die eventuell ihr landwirtschaftliches Nettoeinkommen aufbessern müssen. Laut der Landwirtschaftszählung von 2002 sind 96 Prozent aller Landwirtschaftsbetriebe in South Carolina kleine Betriebe.

Die Abteilung stellt Farmern, die am effektiveren Verkauf ihrer biologisch angebauten Nutzpflanzen interessiert sind, Informationsquellen zur Verfügung. South Carolinas biologisch arbeitende Farmer verkaufen ihre Ernte gegenwärtig auf Bauernmärkten, CSA-Farmen, in Spezialläden, an Obst-/Gemüseständen und über Großhändler.

Andere Quellen in South Carolina:

Clemson University Organic Certification Program
Certified Organic Operations in South Carolina

Kontakt:
PO Box 11280
Columbia, South Carolina 29211
+1 803 8063820
www.agriculture.sc.gov

**Kentucky Department of Agriculture**
**Office of Agriculture Marketing and Product Promotion**

Das Ministerium hilft Farmern in Kentucky, die die Märkte für eine Reihe von Gartenbauprodukten verbessern oder entwickeln wollen. Marketingfachleute stehen Bauernmärkten, Obst- und Gemüseanbauern, Erzeugern landwirtschaftlicher Zierprodukte und biozertifizierten Farmern zur Verfügung.

Landwirtschaftliche Bildung strebt nach einer Verbesserung der Agrarbildung durch die Entwicklung von Programmen, die das Bewusstsein von Verbrauchern, Erziehern und Studenten in Bezug auf Landwirtschaft steigern. Farmsicherheit strebt nach Steigerung des Sicherheitsbewusstseins und Bereitstellung von Bildungsressourcen und Schulungen, um die Sicherheit von Farmern und deren Familien zu gewährleisten. Ackerlanderhaltung ermöglicht dem Staat den Kauf von Agrarschutzrechten, die sicherstellen, dass das Land, das gegenwärtig landwirtschaftlich genutzt wird, auch weiterhin der Landwirtschaft zur Verfügung steht und nicht für andere Nutzungszwecke umgewandelt wird.

Die Division of Agriculture Marketing and Agribusiness Recruitment arbeitet mit Agrarparteien zusammen, die ein Interesse daran zeigen, in Kentucky „ihre Zelte aufzuschlagen". Während sie mit diesen Unternehmen zusammenarbeitet, bietet die Abteilung Unterstützung bei der Suche nach Grundstücken, der Finanzierung und den Steueranreizprogrammen. Die Abteilung kooperiert weiterhin mit Unternehmen, die expandieren möchten, indem sie diesen bei der Suche nach finanzieller Unterstützung behilflich ist.

Die Stelle für technische Unterstützung entwickelt ökologische Pestizidstrategien und -programme, deren Aufgabe es ist, das staatliche Land und die staatlichen Gewässer mittels optimaler Bewirtschaftungsverfahren vor dem Gebrauch landwirtschaftlicher Pestizide zu schützen.

Kontakt:
Kentucky Department of Agriculture
32 Fountain Place
Frankfort, Kentucky 40601
Tel.: +1 502 5644696
Fax: +1 502 5642133
www.kyagr.com

**Tennessee Department of Agriculture**
**Tennessee Agricultural Enhancement Program**

Das Programm wurde entwickelt, um durch Bereitstellung von Kostenbeteiligungsfonds für qualifizierte Erzeuger Langzeitinvestitionen in Tennessees Viehwirtschaft und Ackerbaubetriebe zu fördern. Das Förderprogramm gibt den Erzeugern die Möglichkeit, ihre Farmprofite zu maximieren, sich an aktuelle Marktsituationen anzupassen und sich auf die Zukunft vorzubereiten. Daneben ermöglicht es das Programm den Erzeugern, ihre Gemeinde ökonomisch positiv zu beeinflussen. Das Programm ist ein direktes Ergebnis des stetigen Engagements des Staates von Tennessee bei der Unterstützung der Entwicklung der Landwirtschaftsbetriebe und der Agrargemeinde von Tennessee.

Aufgabe der Abteilung zur Entwicklung der Agrarindustrie des Tennessee Department of Agriculture ist die Bereitstellung von Informationen und Dienstleistungen für potenzielle oder expandierende Agrarunternehmen. Die Abteilung arbeitet mit Behörden aus dem eigenen und aus anderen Bundesstaaten zusammen, um Dienste aus einer Hand anbieten zu können. Außerdem kann die Abteilung auf zwei weitere Ressourcen zurückgreifen – das Center for Profitable Agriculture der University of Tennessee und ihr Forest Products Center.

Das Kostenbeteiligungsprogramm zur Biozertifizierung in Tennessee soll für die Kosten der Biozertifizierung aufkommen, die den Erzeugern und Bearbeitern von biologischen Agrarprodukten in Tennessee entstehen. Das Tennessee Department of Agriculture erstattet jedem berechtigten Erzeuger oder Bearbeiter bis zu 75 Prozent der Biozertifizierungskosten. Diese Summe darf jedoch 500 US-Dollar nicht übersteigen. Erstattungsmöglichkeiten gibt es außerdem für inspizierte und zertifizierte Produktions- und Handhabungsunternehmen und/oder inspizierte Unternehmen mit erneuerter Zertifizierung, solange die Förderung erhältlich ist. Die Erzeuger können auch Unterstützung bei erneuter Zertifizierung erhalten, und zwar im ersten Jahr bei 50 Prozent Kostenbeteiligung und im zweiten Jahr bei 35 Prozent.

Kontakt:
Tennessee Department of Agriculture
PO Box 40627
Nashville, Tennessee 37204
Tel.: +1 615 8375160
Fax: +1 615 8375194
www.tennessee.gov/agriculture

**Ohio Department of Agriculture**

Das Ohio Department of Agriculture bietet den Erzeugern, der Agrarindustrie und den Verbrauchern behördlichen Schutz, um landwirtschaftliche Produkte aus Ohio auf einheimischen und internationalen Märkten zu fördern und um die Bürger von Ohio über die Agrarindustrie des Bundesstaats aufzuklären.

Kontakt:
8995 E. Main St.
Reynoldsburg, Ohio 43068
+1 614 7286200
www.ohioagriculture.gov

**Ohio Farm Bureau**

Mit mehr als 230.000 Mitgliedern ist das Ohio Farm Bureau die größte allgemeine Landwirtschaftsorganisation von Ohio. Das Ohio Farm Bureau ist eine Vereinigung von 87 Farm Bureaus, die alle 88 Countys vertreten.

Mitglieder der Farm Bureaus in jeder County des Bundesstaates sitzen in Vorständen und Ausschüssen, wo sie an Gesetzgebung, Vorschriften und Themen arbeiten, die die Landwirtschaft, die ländlichen Gebiete und die Einwohner von Ohio im Allgemeinen betreffen.

Kontakt:
Ohio Farm Bureau Federation, Inc.
280 Plaza
PO Box 182383
Columbus, Ohio 43218-2383
+1 614 2492400
www.ofbf.org

# Über die Santa Fe Natural Tobacco Company

Die Santa Fe Natural Tobacco Company wurde 1982 in Santa Fe, New Mexico, gegründet. Ein paar Freunde hatten den gemeinsamen Traum, eine bessere Zigarette zu schaffen. Sie ließen sich von ihrer Umgebung inspirieren, vor allem von der Kultur der amerikanischen Ureinwohner, die im Westen der USA so verbreitet ist, und außerdem vom Glauben, dass Tabak in Maßen und in naturbelassenem Zustand konsumiert werden sollte.

In den ersten Jahren arbeitete das winzige Unternehmen in einem Schuppen auf dem Gelände der Eisenbahn von Santa Fe, wo man die Mitarbeiter häufig dabei beobachten konnte, wie sie Tabakbeutel per Hand füllten, während sie gleichzeitig telefonische Bestellungen entgegennahmen. Mit dem Erfolg und steigendem Wachstum zog das Unternehmen dann 1992 in eine ehemalige Großwäscherei und deren angeschlossene Gebäude.

Vier Jahre danach wurde in Oxford, North Carolina, im tiefsten Tabakanbaugebiet und in der Nähe der wachsenden Anzahl von Tabakanbauern des Unternehmens, ein kleines Fertigungswerk errichtet.

Herstellungsbetrieb in Oxford, North Carolina.

2002 wurde die SFNTC zu einer unabhängigen Betriebseinheit der heutigen Reynolds American Inc. Rick Sanders, President und Chief Executive Officer von 2002 bis Anfang 2009, führte das Unternehmen bis zu seiner Pensionierung; die SFNTC erfuhr unter seiner Leitung ein beispielloses Wachstum bei gleichzeitiger Bewahrung des Charakters, der Werte und der Visionen eines wahrhaft einzigartigen Unternehmens. Am 1. März 2009 übernahm Nick Bumbacco die Leitung; er führt das Engagement für den Charakter, die Werte und die Visionen von SFNTC fort.

Außerhalb der Vereinigten Staaten überwacht die SFNTC durch Tochtergesellschaften die Herstellung und den Verkauf ihrer Lizenzprodukte. Raucher in Deutschland, der Schweiz, Österreich, Großbritannien, Frankreich, Spanien, Italien, den Niederlanden und Japan genießen seit Jahren die naturbelassenen Tabakprodukte der SFNTC.

Um ihrem stetigen Wachstum gerecht zu werden, verlegte die SFNTC 2004 ihre Santa-Fe-Büros in ein neues Lehmziegelgebäude. Das Gebäude dient als Hintergrund für unsere jährlichen Weihnachtskarten, die wir an unsere Kunden schicken, und spiegelt den Charakter des Unternehmens und seiner Umgebung wider. Das Gebäude ist energieeffizient und nutzt Recyclingmaterial.

Wie bei allen SFNTC-Gebäuden, einschließlich des Herstellungsbetriebs in Oxford und unseres westlichen Auslieferungslagers in Reno, Nevada, werden 100 Prozent des benötigten Stroms durch Windenergie erzeugt.

Um die Verbundenheit zu ihren Wurzeln aufrechtzuerhalten und die Inspiration, die für die Entstehung des Unternehmens verantwortlich ist, in Ehren zu halten, gründete die SFNTC Mitte der 90er-Jahre die Santa Fe Natural Tobacco Company Foundation. Diese gemeinnützige Organisation vergibt Zuschüsse zur Aufrechterhaltung, Förderung und Verbesserung der wirtschaftlichen Unabhängigkeit, Bildung, Sprache und Kultur der amerikanischen Ureinwohner.

Die Zentrale in Santa Fe, New Mexico.

Die SFNTC besteht aus talentierten, bunt gemischten, lebensfrohen und manchmal schrulligen Individuen, die glauben, dass es beim „Anderssein" darum geht, besser zu sein. Jeder SFNTC-Mitarbeiter wird fair, gerecht und mit Respekt behandelt. Die Vielfalt der Ideale, Vorgeschichten und Perspektiven der SFNTC hat das Unternehmen zu dem werden lassen, was es heute ist.

Mitarbeiter aus Santa Fe.

Die Mitarbeiter aus Santa Fe spiegeln die Geschichte und kulturelle Vielfalt der Stadt wider – amerikanischen Ureinwohner, Hispanoamerikaner und Angloamerikaner. Die Mehrzahl der Mitarbeiter aus North Carolina hat eine enge Beziehung zu Tabak, weil sie entweder eigene Familienbetriebe besitzen oder früher für andere, heute längst nicht mehr existierende Tabakhersteller gearbeitet haben.

Mitarbeiter aus Oxford.

Mitarbeiter des westlichen Auslieferungslagers in Nevada.

Wenn es eine Sache gibt, die alle Mitarbeiter gemein haben, ist es, sich Zeit für gemeinsame Mahlzeiten zu nehmen. In Santa Fe gibt es bei den regelmäßigen Firmenessen typische New-Mexico-Gerichte, mit viel rotem und grünem Chili als Beilage. Die Mitarbeiter in Oxford erfreuen sich wiederum regelmäßig am „Pig Pickins"", dem traditionellen „Barbecueschmaus" North Carolinas.

Obwohl die SFNTC in der Hochebene von Santa Fe keinen Tabak anbaut (obgleich sie es versucht hat), fördert sie auch hier umweltfreundliche Verfahren. Im November 2007 übernahm das Unternehmen eine dreijährige Verpflichtung zur Bereitstellung von 150.000 US-Dollar zur Unterstützung der Bemühungen der Santa Fe Watershed Association zur Rettung des Santa Fe River. Der Fluss, der sich von der Sangre-de-Cristo-Bergkette bis zum Rio Grande erstreckt – wenngleich ein Großteil des Flussbetts die meiste Zeit trocken ist –, wurde 2007 von American Rivers, einer Gruppe aus Washington, D. C., zu „America's Most Endangered River" ausgerufen.

Straßenreinigung in Oxford, North Carolina.

Zusätzlich zur Bereitstellung finanzieller Unterstützung haben die Santa-Fe-Mitarbeiter einen Teil des Flusses adoptiert und leisten auch andere freiwillige Unterstützung, wie zum Beispiel das Anpflanzen von hunderten von Weidenbäumen und die Säuberung des Ufers. Die Living River Initiative der Santa Fe Watershed Association konzentriert sich auf Bewusstseinsbildung, Öffentlichkeitsarbeit, Gesellschafterversammlungen und Dialoge zur Generierung von Unterstützung für die Wiederherstellung eines Flusslaufs, der in Einklang mit der Umwelt steht und ihr nützt.

In New Mexico helfen die Mitarbeiter der SFNTC bei der Wiederherstellung des Santa Fe River, der zu einem der am meisten gefährdeten Flüsse Amerikas ausgerufen wurde.

Bemühungen auf dem Gebiet ökologischer Nachhaltigkeit betreffen jeden Bereich der täglichen Geschäfte von Santa Fe. Neben einem Vertrag über 100 Prozent Strom aus Windenergie begann das Unternehmen Ende 2007 mit der Bestellung neuer Hybridfahrzeuge, um die ganze Fahrzeugflotte unseres Verkaufsteams auf Hybridautos umzustellen. Das Besteck in der Mitarbeiterkantine ist aus biologisch abbaubaren Materialien hergestellt.

Durch diese Nutzung erneuerbarer Energien seitens der SFNTC werden jährlich ca. 2.264 Tonnen Kohlendioxid, 2,39 Tonnen Schwefeldioxid und 3,33 Tonnen Stickstoffoxid, die durch fossil befeuerte Kraftwerke produziert werden, eingespart. Das Unternehmen arbeitet ebenfalls daran, die ISO-14001-

Zertifizierung betreffend das Umweltmanagement der International Organization for Standardization zu erhalten. Das Unternehmen wird weitere Maßnahmen zur Steigerung der Umweltfreundlichkeit seiner Aktivitäten und Produkte festlegen und sein ökologisches Verhalten weiter verbessern.

*„Uns Mitarbeiter der Santa Fe Natural Tobacco Company
verbindet eine von Werten bestimmte Vision:
Unser Erfolg beruht auf unserem kompromisslosen Engagement
für unsere naturbelassenen Tabakprodukte,
die Umwelt, in der sie gedeihen,
die Gemeinschaft, welcher wir angehören
und die Menschen, die unsere Idee zum Leben erwecken."*

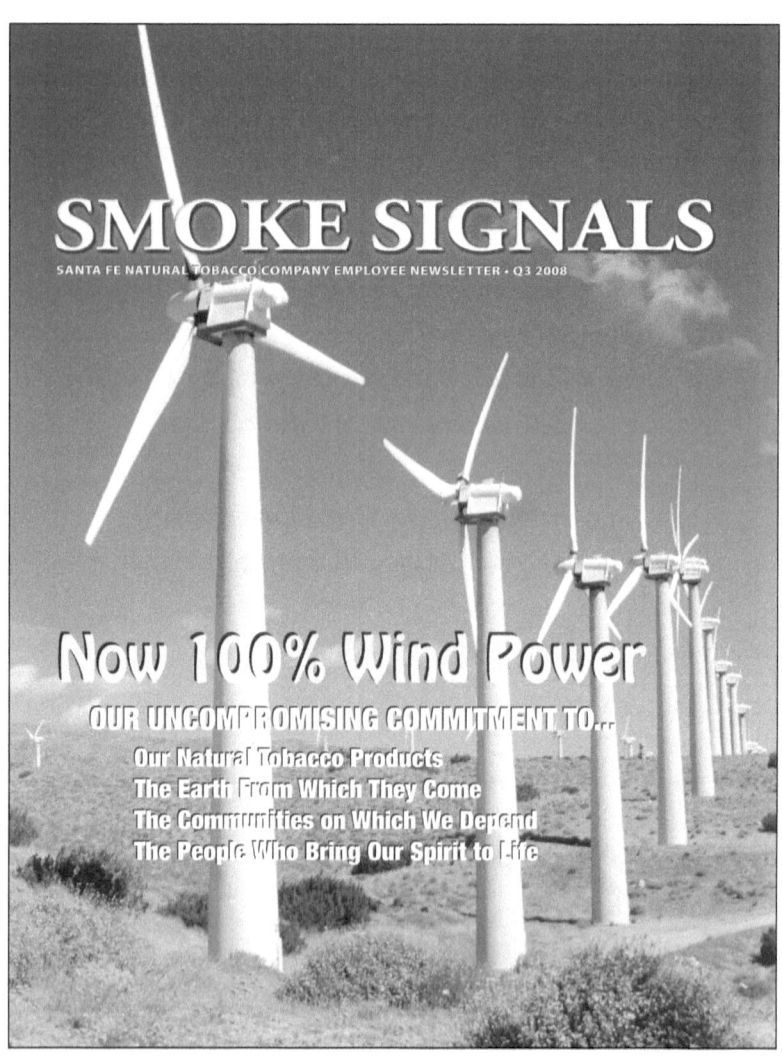

Das Unternehmen bezieht seinen gesamten Strom aus Windkraft; Titelblatt von Smoke Signals, einer vierteljährlichen Mitarbeiterpublikation.

Aquarell des Künstlers und ISO-Koordinators der SFNTC, John Brassard.

SFNTC-Farmer wie Richard Ward hängen auf ihren Farmen Schilder auf, die sie offiziell als umweltfreundliche Tabakanbauer ausweisen.

# Danksagung

Die Autoren möchten allen Personen, die uns bei der Schaffung dieses Buchs geholfen haben, insbesondere den zahlreichen Farmern, die Beiträge geleistet haben, und jenen Familien, Freunden und Kollegen, die solch wertvolle Unterstützung geboten haben, ihren tiefsten Dank aussprechen – unter anderem Rick Sanders, Haney Bell, Rudy Cook, Gerry Deshenes, John Franzino, Rusty Gaston, Colin Uffindell, Susanne Farr, Sandi Thomas, Cheryl Nizio, Jeanne Dvorak, Alexandra Pratt, John Dillon, Steven Mosher, John Brassard, Randal Ball, Julie Ball, Tom Harding, Robin Sommers, Legh Park sowie den Mitgliedern des North Carolina Department of Agriculture.

Dieses Buch wurde nicht geschrieben, um damit Geld zu verdienen. Die Mitarbeiter der Santa Fe Natural Tobacco Company haben es aus Liebe zur Sache erstellt – um ihr Wissen über den biologischen Tabakanbau zu teilen. Der Erlös aus dem Verkauf dieses Buches geht an die Carolina Farm Stewardship Association, in Anerkennung der Verdienste der Organisation und ihrer Mitglieder um biologische und umweltfreundliche Anbaumethoden.

www.ingramcontent.com/pod-product-compliance
Lightning Source LLC
Chambersburg PA
CBHW030139170426
43199CB00008B/130